数据科学实战速查表

（第1辑）

欧高炎　晏晓东　高　扬　主编

科学出版社

北　京

内 容 简 介

数据科学是一门新兴的交叉学科. 数据科学人才需要同时具备理论性、实践性和应用性等多方面的素质. 数据科学的知识点涵盖了编程语言、数学基础、数据清洗、数据可视化、数据分析和分布式计算等. 为了帮助数据科学从业人员快速地查阅这些知识和工具的使用, 提高实践效率, 本书对数据科学的相关知识进行了归纳整理, 形成数十份速查表.

本书既可以作为数据科学与大数据技术专业教师和学生的学习资料, 也可作为数据分析师、数据工程师和算法工程师等数据科学从业者项目实践的参考工具. 对大数据感兴趣的读者也可通过本书对数据科学的知识框架、实践工具有初步的认识.

图书在版编目(CIP)数据

数据科学实战速查表. 第 1 辑 / 欧高炎, 晏晓东, 高扬主编. —北京: 科学出版社, 2018.12

ISBN 978-7-03-058689-6

Ⅰ. ①数… Ⅱ. ①欧… ②晏… ③高… Ⅲ. ①软件工具－程序设计 Ⅳ. ①TP311.56

中国版本图书馆 CIP 数据核字(2018)第 202477 号

责任编辑: 郝 静 / 责任校对: 张怡君
责任印制: 霍 兵 / 封面设计: 无极书装

科学出版社 出版

北京东黄城根北街 16 号
邮政编码:100717
http://www.sciencep.com

河北鹏润印刷有限公司 印刷

科学出版社发行 各地新华书店经销

*

2018 年 12 月第 一 版 开本: 890 × 1240 1/32
2018 年 12 月第一次印刷 印张: 5 3/4
字数: 183 000

定价: 48.00 元

(如有印装质量问题, 我社负责调换)

前 言

Preface

数据科学是一门新兴的交叉学科. 数据科学人才需要同时具备理论性、实践性和应用性等多方面的素质. 数据科学的知识点涵盖了编程语言、数学基础、数据清洗、数据可视化、数据分析和分布式计算等. 如此广泛的知识面, 再加上当前中文数据科学资源的严重匮乏, 给数据科学的初学者带来了很大的挑战.

为了应对这一挑战, 博雅大数据学院组织编写了本书, 旨在以简明、生动和系统的方式, 帮助数据科学初学者高效便捷地查阅数据科学的知识点和实践工具的使用方法, 从而提高实践能力.

本书将数据科学的知识模块划分成编程语言、数据分析、数学统计理论、数据可视化、机器学习、图像处理和分布式计算七大模块. 在每一个模块, 对核心的理论知识进行了介绍, 重点介绍了该模块的典型实践工具的使用方法. 在数据科学领域, Python 拥有较为完整的生态圈, 而且入门门槛较低, 因此本书主要介绍基于 Python 语言的数据科学实践工具. 速查表既有重要的公式推导, 也包含常用的代码示例. 我们力图通过简练的语言、精美的图表, 展现数据科学相关技术和工具的核心技能点, 帮助读者快速检索知识, 提升学习和工作效率.

本书既可以作为数据科学与大数据技术专业教师和学生的学习资料, 也可作为数据分析师、数据工程师和算法工程师等数据科学从业者项目实践的参考工具. 对大数据感兴趣的读者也可通过本书对数据科学的知识框架和实践工具有初步的认识, 为进一步的深入学习打下良好的基础.

本书是集体创作的成果. 参与本书写作的还有博雅大数据学院实习生陈朋路、王鲸和张嘉田. 博雅大数据学院的邵江龙、郑州、闫晗和袁星星等对本书进行了细致的校对工作. 中国民航大学周茂袁老师、北京信息科技大学刘亚辉老师、华北理工大学龚佃选老师、中国民航大学硕士研究生刘涛对本书初稿进行了审校. 在本书正式出版之前, 我们通过数据酷客(www.cookdata.cn)发布了本系列速查表的初稿, 得到了众多数据酷客用户的宝贵修改建议, 在此作者一并表示感谢.

作　者

2018 年 7 月于北京大学静园

目 录

Contents

第一章 编程语言

Python 是一种面向对象、动态数据类型的解释型语言，是数据分析师/数据科学家首选编程语言之一.

R 属于 GNU 系统，是一个自由、免费、源代码开放的软件，主要用于统计分析、绘图、数据挖掘，另外 R 在可视化方面也十分出色.

SQL 是 Structured Query Language（结构化查询语言）的缩写. SQL 是专为数据库而建立的操作命令集，是一种功能齐全的数据库语言. 在使用它时，只需要发出“做什么”的命令，“怎么做”是不用使用者考虑的. SQL 功能强大、简单易学、使用方便，已经成为数据库操作的基础，并且现在几乎所有的数据库均支持 SQL.

Git 是一款免费、开源的分布式版本控制系统，用于敏捷高效地处理任何或小或大的项目.

在 UNIX/Linux 下，Shell 扮演了一个双重角色. 虽然它表面上和 Windows 的命令提示符相似，但是它具备执行复杂程序的强大功能. 用户不仅可以通过它执行命令、调用 Linux 工具，还可以把 Shell 作为一种编程语言，编写自己的程序.

第一节　Python 语言

Python 语言是一种面向对象、动态数据类型的解释型语言，是数据分析师首选编程语言之一.

符号标记

x | 一个变量.　　s | 字符串(string)对象.

l, L | 列表(list)对象.　　t | 元组(tuple)对象.

e, E | 集合(set)对象.　　d | 字典(dict)对象.

1.1.1　基本操作

x = 2 | 定义一个新的变量 x，其值为 2.

print | 打印输出.

| 行内注释.

? | 内省，显示对象的通用信息.

?? | 内省，显示出大部分函数的源代码.

help() | 显示一个对象的帮助文档.

%timeit | 魔术命令，计算语句的平均执行时间.

1.1.2　数据类型及相互转换

type(x) | 查看变量 x 的数据类型.

int(x) | 将变量 x 的数据类型转换为整型.

float(x) | 将变量 x 的数据类型转换为浮点型.

str(x) | 将变量 x 的数据类型转换为字符串.

bool(x) | 将变量 x 的数据类型转换为布尔型.

isinstance(x, float) | 检测变量 x 是否为浮点型，返回一个布尔型数值.

1.1.3　算术运算符

x + 5 | 加，计算结果为 7.

x – 5| 减，计算结果为–3.

x * 5| 乘，计算结果为 10.

x / 5| 除，Python 2.x 版本的计算结果为 0，Python 3.x 版本的计算结果为 0.4.

x ** 2| 幂运算，即 x^2，计算结果为 4.

1.1.4 布尔型

False None 0 “”() [] {} | False 值.

and| 等价于“&”，表示“且”.

or| 等价于“|”，表示“或”.

not| 表示“非”.

1.1.5 字符串

s = u“”| 定义 Unicode 字符串.

s = r“”| 定义原始字符串，避免字符串中的字符转义，在正则表达式中经常使用到.

s = “cookdata”| 定义值为“cookdata”的变量 *s*.

len(s)| 返回 *s* 中的字符个数.

s.lower()| 将字符串 *s* 中的字母全部转换为小写.

s.upper()| 将字符串 *s* 中的字母全部转换为大写.

s.capitalize()| 将字符串 *s* 中的首个字符转换为大写，其余部分转换为小写.

s.replace(‘k’, ‘l’)| 使用字符“l”替换掉 *s* 中所有的字符“k”，返回结果为 cooldata.

s.strip()| 去除掉 *s* 最前面和最后面的空格.

s.split(“\t”)| 使用制表符“\t”分割字符串 *s*.

‘%s is No.%d’ %(s, 1)| 取出 *s* 的值和数值 1 依次放入字符串%s is No.%d 的相应位置，返回结果为 cookdata is No.1.

‘{} is No.{}’.format(s, 1)| 取出 *s* 的值和数值 1 依次放入{}相应位置，返回结果为 cookdata is No.1.

1.1.6 列表

l = [‘c’, ‘o’, ‘o’, ‘k’, 1]| 创建一个包含字符元素 c、o、o、k 和整数 1 的列表.

list()| 创建空列表，或将其他数据结构转换为列表.

l[0] | 返回列表的第一个元素，即字符 c.
l[–1] | 返回列表的最后一个元素，即 1.
l[1:3] | 列表切片，返回包含原列表的第二个元素和第三个元素的列表['o', 'o'].
len(l) | 返回列表的元素个数.
l[::–1] | 将列表进行逆序排列.
l.reverse() | 将列表进行逆序排列.
l.insert(1, 'b') | 在指定的索引位置插入 b.
l.append() | 在列表末尾添加元素.
l.extend(L) | 等价于"$l+L$"，将列表 L 中的元素依次添加到 l 的末尾.
l.remove() | 删除列表中的某个元素.
l.pop() | 等价于"del l[]"，删除列表中对应索引位置的元素.
"".join(['c', 'o', 'o', 'k']) | 将列表中的各个字符串元素用空格连接起来并转换为字符串，返回结果为 c o o k.

1.1.7 元组和集合

t = ('c', 'o', 'o', 'k') | 创建一个元组 t，包含字符元素 c、o、o、k.
e = {'c', 'o', 'k'} | 创建一个集合 e，包含元素 c、o 和 k.
len(t) | 元组 t 中元素的个数.
tuple() | 创建一个空的元组，或将其他的数据结构转换为元组.
set() | 创建一个空的集合，或将其他的数据结构转换为集合.
t.index() | 返回元素的索引号.
t.count() | 返回元素在元组中出现的次数.
e.add() | 添加元素.
e.discard() | 删除元素，如果元素不在集合中，则不作任何操作.
e.union(E) | 等价于"$e\,|\,E$"，求并集.
e.intersection(E) | 等价于"$e\,\&\,E$"，求交集.
e.issubset(E) | 判断 e 是否为 E 的子集，若是则返回 True.

1.1.8 字典

d = {'ID':122, 'name':'li'}

d = dict('ID' = 122, 'name' = 'li')

d = dict([('ID', 122), ('name', 'li')])

创建字典 *d*, 其中键为 ID 和 name, 对应的值分别 122 和 "li".

d.items() | 返回 *d* 中键值对列表, 列表中的每一个元素为(key, value)元组.

d.keys() | 返回包含 *d* 中所有键的列表.

d.values() | 返回包含 *d* 中所有值的列表.

d.has_key('sex') | 判断字典 *d* 中是否包含键 sex, 包含则返回 True, 否则返回 False.

d.get('sex', 'wrong key') | 返回字典 *d* 中键 sex 的值, 如果 *d* 中没有该键, 则返回字符串 wrong key.

1.1.9 布尔比较运算

x = = 1 | 判断 *x* 是否等于 1.

x ! = 1 | 判断 *x* 是否不等于 1.

x = = 1 and name = = 'li' | 等价于(x = = 1)&(name = = 'li'), 判断是否 *x* 等于 1 并且 name 等于 "li".

x = = 1 or name = = 'li' | 等价于(x = = 1) | (name = = 'li'), 判断是否 *x* 等于 1 或者 name 等于 "li".

'c' in l | 判断 c 是否在列表中.

1.1.10 条件判断和循环语句

```
if condition1:
    statement1
elif condition2:
    statement2
else:
    statement3
```

if 语句, 判断条件 1 是否成立, 若成立则执行语句 1, 若不成立再判断条件 2 是否成立, 若成立则执行语句 2, 若都不成立, 则执行语句 3.

```
for item in sequence:
    statement
```

for 语句，依次从序列(列表或字符串)中选取一个元素进行循环，每次循环都要执行一次语句.

```
while condition:
    statement
```

while 语句，判断条件是否成立，若成立则循环执行语句直到判断条件不成立.

range(5) | 产生一个从 0 到 5 且间隔为 1 的整数列表[0, 1, 2, 3, 4].

break | 从最内层 for 循环或 while 循环中跳出.

continue | 继续执行下一次循环.

pass | 占位符，不执行任何动作.

1.1.11 enumerate()和 zip()

for i, item in enumerate(l) | 在每一次循环时取出索引号和相应的值分别赋给 i 和 item.

for id, name in zip(id_l, name_l) | 同时循环两个或多个序列，每一次循环从列表 id_l 取出一个元素赋给 id，且取出列表 name_l 相同索引位置的元素赋给 name.

1.1.12 推导式

L = [item**2 for item in l] | 列表推导式，对 *l* 中的每一个元素取平方得到新的列表.

S = {item**2 for item in l} | 集合推导式, 对 *l* 中的每一个元素取平方得到新的集合.

D = {key:value for key, value in zip(l,k)} | 字典推导式，通过 zip()函数将两个列表 *l* 和 *k* 中的元素组成键值对并形字典.

1.1.13 文件读写

读取文件

f = open(filename, mode) | 返回一个文件对象 *f*，读文件 “mode = r”，写文件 “mode = w”.

f.read(size) | 返回包含前 size 个字符的字符串.

f.readline() | 每次读取一行，返回该行字符串.

f.readlines() | 返回包含整个文件内容的列表，列表的元素为文件的每一行内容所构成的字符串.

f.close() | 关闭文件并释放它所占用的系统资源.

```
with open("cookdata.txt", "r") as f:
    content = f.readlines()
```

在 with 语句执行完后，自动关闭文件并释放占用的系统资源.

```
import csv
f = open("cookdata.csv", "r")
csvreader = csv.reader(f)
content_list = list(csvreader)
```

读取 csv 文件，并把数据存储为一个嵌套列表(列表的元素仍是一个列表) content_list.

写入文件

```
f.write(s)
print(s, file = f)
```

两种等价的方式，将字符串 s 写入文件对象 f 中.

1.1.14 函数

```
def sum(a, b = 1):
return a + b
```

定义求和函数 sum()，该函数要求输入位置参数 a，带默认值的参数 b 为可选参数，其默认值为 1，函数返回结果为 $a+b$ 的计算结果.

sum(1, b = 10) | 执行 sum()函数，返回结果为 11.

def sum(*args, **kwargs) | 不定长参数，*args 接收包含多个位置参数的元组，**kwargs 接收包含多个关键字参数的字典.

obj.methodname | Python 中的方法是一个属于对象 obj，名称为 obj.methodname 的函数.

1.1.15 map()和 lambda

map(func, sequence) | 将函数依次作用在序列的每个元素上，把结果作为一个新的序列返回.

lambda a, b:a + b | 匿名函数，正常函数定义的语法糖，a 和 b 为输入参数，$a+b$ 为函数主体和返回的值.

1.1.16 模块

import module as alias | 导入模块，并取一个别名，使用 alias.func 即可调用模块内的函数.

from module import * | 导入模块中的所有函数，直接使用函数名即可调用模块内函数.

from module import func1, func2 | 导入模块中的部分函数，使用 func1 可直接调用该函数.

1.1.17 面向对象的类

```
class Athlete(object):
    def __init__(self, name, age):
        self.name = name
        self.age = age
    def capitalize_name(self):
        return self.name.capitalize()
```

使用关键字 class 定义 Athlete 类，该类继承 object 类，初始化变量为 self.name 和 self.age，并定义类的 capitalize_name 方法将 self.name 的首字母变成大写.

a = Athlete('james', '23') | 创建实例 a.

a.name | 返回 a 的 name 属性，返回 "james".

a.age | 返回 a 的 age 属性，返回 23.

a.capitalize_name() | 调用 a 的实例方法 capitalize_name，返回 "James".

isinstance(a, Athlete) | 判断 a 是否是 Athlete 类的实例.

1.1.18 编码和解码

ASCII | 基于拉丁字母的一套电脑编码系统，不包含中文、日文等非英语字符.

GBK | GBK 兼容 ASCII，同时收录中文、日文等，使用两个字节编码一个汉字.

Unicode | 收录超过十万个字符，统一了所有语言文字的标准编码集，包括 UTF-8 和 UTF-16 两种实现方式.

s = u'中文' | 定义 Unicode 字符串"中文".

s.encode('utf-8') | 使用 UTF-8 编码集将 Unicode 字符串 *s* 编码为 str 字符串.

s = '中文'

s.decode('utf-8')

定义 str 字符串"中文",并解码为 Unicode 字符串.

import chardet

chardet.detect(s)

检测字符串的编码方式.

1.1.19 异常处理

语法错误 | Syntax Errors, 代码编译时检测到的错误.

异常 | Exceptions, 代码运行时检测到的错误, 如类型错误(TypeError)、数值错误(ValueError)、索引错误(IndexError)和属性错误(AttributeError)等.

```
try:
    statement
except:
    pass
```

先尝试运行 try 部分的 statement 语句, 如果能够正常运行, 则跳过 except 部分, 如果运行出现错误, 则跳过错误代码运行 except 部分的 pass 语句, "放过"错误.

```
try:
    statement
except Exception, e:
    print "Error Happened: %s" %e
```

指定要处理的运行时错误类型, 如果指定的错误出现, 则打印报错信息, e 是发生错误时的具体错误信息.

```
try:
    statement1
except(Exception1, Exception2), e:
    statement2 #发生指定错误时的处理
else:
    statement3 #正确时运行
```

finally:
    statement4 #无论对错都运行

try…except…else…finally 句式.

抛出异常

raise Exception('Oops!') | 主动抛出异常 Exception, 错误提示信息为"Oops!".

assert statement, e | 若 statement 语句运行结果为 True, 则继续运行代码, 否则抛出 e 的错误提示信息.

1.1.20 正则表达式

正则表达式模块 re

import re

raw_s = r'\d{17}[\d|x] |\d{15}'

pattern = re.compile(raw_s)

re.search(pattern, s)

用于匹配身份证号.

首先使用原始字符串定义正则表达式模式; 然后编译原始字符串为正则表达式 Pattern 对象; 最后对整个字符串 *s* 进行模式搜索, 如果模式匹配, 则返回 MatchObject 的实例, 如果该字符串没有模式匹配, 则返回 None.

re.search(r'\d{17}[\d | x] | \d{15}', s) | 将 Pattern 编译过程与搜索过程合二为一.

re.match(pattern, s) | 从字符串 *s* 的起始位置匹配一个模式, 如果起始位置匹配不成功, 则返回 None.

re.findall(pattern, s) | 返回一个包含所有满足匹配模式的子串的列表.

re.sub(pattern, repl, s) | 使用替换字符串 repl 替换匹配到的子字符串.

re.split(pattern, s) | 利用满足匹配模式的子串将字符串 *s* 分隔开, 并返回一个列表.

1.1.21 日期处理

from datetime import datetime

format = "%Y-%m-%d %H:%M:%S"

指定日期格式, 如"2017-10-01 13:40:00".

date_s = datetime.strptime(s, format) | 将日期字符串按照指定日期格式转换为

datetime 类.
date_s.year | 获取日期字符串中的年份.
date_s.month | 获取日期字符串中的月份.
datetime.now() | 获取现在的日期和时间.

1.1.22 Python2 与 Python3 的核心类差异

编解码方式

Python2 中字符的类型:

类型	解释
str	编码后的字节序列
Unicode	编码前的文本字符

Python3 中字符的类型:

类型	解释
str	编码后的 Unicode 文本字符
bytes	编码前的字节序列

在 Python2 中, str 和 Unicode 都有 encode 和 decode 方法; 但在 Python3 中, str 只有一个 encode 方法将字符串转化为字节, 而 bytes 也只有一个 decode 方法将字节转化为字符串.

路径 | Python2 中可以采用相对路径的方式进行 import, 但会导致一些问题, 例如, 同一目录下有 file.py, 如何同时导入这个文件和标准库 file; Python3 中则不会发生这个问题, 其采用绝对路径的方式进行 import, 如果需要导入同一目录的文件必须使用绝对路径, 否则只能使用相关导入的方式来进行导入.

缩进 | Python2 的缩进机制中, 一个 Tab 和八个 Space 是等价的, 所以 Tab 和 Space 在代码中可以共存; Python3 中一个 Tab 只能寻找另一个 Tab 代替, 因此 Tab 和 Space 在代码中共存会报错.

类 | 在 Python2 中, 默认都是经典类, 只有显式地继承了 object 的才是新式类, 即
class Person(object):pass | 新式类写法
class Person():pass | 经典类写法
class Person:pass | 经典类写法

但在 Python3 中取消了经典类，默认都是新式类，并且不用显式地继承 object，也就是说，上述三种写法并无区别.

1.1.23 Python2 与 Python3 的弃用类差异

print | Python3 中用 print 函数替代了 Python2 中的 print 语句.

repr | Python3 中统一使用 repr 函数替代了 Python2 中的 “” 来将对象转化为可供解释器读取的形式.

exec | Python3 中统一使用 exec 函数替代了 Python2 中的 exec 语句.

execfile | Python3 中统一使用 exec(open('./filename').read())的方式打开文件，从而替代了 Python2 中的 execfile 语句.

不相等操作符 | Python3 中统一使用 “! = ” 来替代 Python2 中的不相等操作符 “< >”.

长整型 | Python3 中统一使用整型(int)替代了 Python2 中的长整型(long).

xrange | Python3 中统一使用 range 函数替代了 Python2 中的 xrange 函数.

next | Python3 中统一使用 next(iterator)替代了 Python2 中迭代器的 next 函数.

input | Python3 中统一使用 input 函数替代了 Python2 中的 raw_input 函数.

dict | Python3 中弃用了 Python2 中字典变量的 iterkeys()等方法；同时 Python3 中字典变量的 keys()、items()和 values()等方法会返回迭代器对象；而且 Python3 中统一使用 in 关键词替代了 Python2 中字典变量的 has_key 函数.

file | Python3 中统一使用 open 函数来处理文件，从而替代了 Python2 中的 file 函数.

标准异常 | Python3 统一使用 Exception 替代了 Python2 中的标准异常 StandardError.

1.1.24 Python2 与 Python3 的修改类差异

除法操作符 “/” | Python2 中 “/” 是整数除法; Python3 中 “/” 是小数除法.

例如:

9/2 | Python2 中返回的结果为 4; Python3 中返回的结果为 4.5.

异常抛出和捕捉机制的区别 | Python2 中的异常抛出为“raise IOError, 'file error'”，捕捉异常为 “except NameError, err:”；Python3 中的抛出异常为 “raise IOError('file error')”，捕捉异常为 “except NameError as err:”.

for 循环中变量值的区别 | Python2 中 for 循环会修改外部相同名称变量的值; Python3 中 for 循环不会修改外部相同名称变量的值.

例如:

i = 1

[i for i in range(5)]

print(i)

Python2 中会输出 4; Python3 中会输出 1.

round 函数返回值的区别 | Python2 中 round 函数返回 float 类型的值; Python3 中 round 函数返回 int 类型的值.

例如:

isinstance(round(15.5), int) | Python2 中返回的结果为 False.

isinstance(round(15.5), float) | Python3 中返回的结果为 False.

比较操作符的区别 | Python2 中任意两个对象都可以比较; Python3 中只有同一数据类型的对象才可以比较.

例如:

1 < 'test' | Python2 中返回的结果为 True; Python3 中返回的结果会报错.

1.1.25 Python2 与 Python3 的模块变动

√ Python3 移除了 cPickle 模块, 可以使用 pickle 模块代替.

√ Python3 中 os.tmpnam()和 os.tmpfile()函数被移动到 tmpfile 模块下.

√ Python3 中 tokenize 模块使用 bytes 工作, 主要的入口点不再是 generate_tokens, 而是 tokenize.tokenize().

√ Python3 中移除的模块还有: audiodev, Bastion, bsddb, Bsddb185, exceptions, imageop, linuxaudiodev, md5, MimeWriter, mimify, new, popen2, rexec, sha, stringold, strop, sunaudiodev, timing, xmllib.

第二节 R

1.2.1 基本运算

a<-4 或 a = 4 | 赋值, 将 4 赋予变量 a.

b<-7 或 b = 7| 赋值，将 7 赋予变量 *b*.

1 + 1| 加法运算，输出 2.

2 – 1| 减法运算，输出 1.

3 * 2| 乘法运算，输出 6.

3 / 2| 除法运算，输出 1.5.

5 %/% 2| 整除运算，输出 2.

5 %% 2| 余除运算，输出 1.

2 ** 3 或 2 ^ 3| 幂运算，2^3，输出 8.

9 ** 0.5| 开方运算，$\sqrt{9}$，输出 3.

1.2.2 逻辑判断

a < b| 判断 *a* 是否小于 *b*, TRUE.

a > 3| 判断 *a* 是否大于 3, TRUE.

a>= b| 判断 *a* 是否大于等于 *b*, FALSE.

a == 1| 判断 *a* 是否等于 1, FALSE.

a! = b| 判断 *a* 是否不等于 *b*, TRUE.

a %in% 1:5| *a* 是否在向量 1:5 中, TRUE.

!a %in% 1:5| *a* 是否不在向量 1:5 中, FALSE.

is.na(a)| 判断 *a* 是否为缺失值, FALSE.

is.null(a)| 判断 *a* 是否为空值, FALSE.

isTRUE(a)| 判断 *a* 是否为 TRUE, FALSE.

!a| 非 *a*.

a | b| *a* 或 *b*.

a & b| *a* 和 *b*.

1.2.3 文件读写

read.table('file.txt')| 读取 txt 文件.

read.csv('file.csv')| 读取 CSV 文件.

load('file.RData')| 读取 R 数据文件.

write.table(df, 'file.txt') | 输出 txt 文件.

write.csv(df, 'file.csv') | 输出 CSV 文件.

fromJSON() | 读取 JSON 文件(需要安装 RJSONIO、jsonlite 或 rjson 包).

toJSON() | 将 R 对象输出为 JSON 文件(需要安装 RJSONIO、jsonlite 或 rjson 包).

xmlParse('file.xml') | 读取 XML 文件(需要安装 XML 包).

read.xlsx("file.xlsx", 1) | 读取 Excel 文件(需要安装 xlsx 包).

save(df, file = 'file.Rdata') | 输出 R 数据文件.

1.2.4 包的使用

install.packages('ggplot2') | 安装 ggplot2 包.

library(ggplot2) | 加载 ggplot2 包.

boot::cv.glm | 使用 boot 包中的 cv.glm()函数.

data(iris) | 加载 R 内置数据集 iris.

1.2.5 工作环境

getwd() | 查看当前工作环境.

ls() | 列出当前环境下储存的所有变量.

rm(x) | 移除当前环境下的变量 x.

rm(list = ls()) | 移除当前环境下所有变量.

setwd('/Users/Cookdata/Desktop/') | MacOS 中变更工作环境.

setwd('C:/Documents/Data') | Windows 中变更工作环境.

1.2.6 辅助工具

?rank | 查看 rank()函数的帮助文档.

??cv.glm | 查看函数名包含 cv.glm 的函数, 返回 boot::cv.glm.

help.search('mean') | 搜索文档中包含字符 "mean" 的函数.

help(package = 'ggplot2') | 查看 ggplot2 包的帮助文档.

1.2.7 控制与函数

for(x in 1:4){

while(条件){

```
    执行相关操作                                    执行相关操作
}                                              }
if(条件){
    执行相关操作
}else{
    执行其他操作
}
my_func<-function(变量){
    执行相关操作
  return(新变量)
}
```

1.2.8 数学运算

pi | 圆周率 π, 3.141 593.

abs(–3.2) | 绝对值运算, 3.2.

sqrt(9) | 平方根运算, $\sqrt{9}$.

exp(5) | 幂运算 e^5, 148.4132.

log(9, 3) | 对数运算, $\log_3(9)$.

log(9) | 自然对数运算, $\log_e(9)$.

log10(100) | 常用对数运算, $\log_{10}(100)$.

factorial(5) | 计算阶乘, 120.

min(1:4) | 求最小值, 1.

mean(1:4) | 求均值, 2.5.

median(1:4) | 求中位数, 2.5.

max(1:4) | 求最大值, 4.

sum(1:4) | 求和, 10.

quantile(0:100) | 计算分位数.

round(3.141, 2) | 保留两位小数, 3.14.

signif(3.19, 2) | 保留 2 位有效数字, 3.2.

var(1:4) | 计算方差, 1.666 667.

cor(1:4, 4:1) | 计算协方差, −1.

sd(1:4) | 计算标准差, 1.290 994.

rank(c(5, 1, 4, 7)) | 排序返回名次, 3 1 2 4.

sort(c(5, 1, 4, 7)) | 排序返回数值, 1 4 5 7.

order(c(5, 1, 4, 7)) | 排序返回索引, 2 3 1 4.

ceiling(−1.8) | 大于该数最小的整数, −1.

floor(−1.8) | 小于该数最大的整数, −2.

trunc(c(3.2, −1.8)) | 保留整数部分, 3 −1.

sin(x), cos(x), tan(x) | 输入带有 π 的弧度, cos(pi/2).

sinpi(x), cospi(x), tanpi(x) | 输入不带有 π 的弧度, cospi(0.5).

1.2.9 变量特征

str(x) | 查看变量 x 的结构.

class(x) | 查看变量 x 的类型.

is.logical(4) | 数字 4 是否为逻辑型, FALSE.

is.numeric('4') | 字符“4”是否为数字型, FALSE.

is.character('4') | 字符“4”是否为字符型, TRUE.

is.factor(4) | 数字 4 是否为因子型, FALSE.

as.logical(4) | 将数字 4 转换为逻辑值, TRUE.

as.numeric('4') | 将字符“4”转换为数字型, 4.

as.character(4) | 将数字 4 转换为字符型, “4”.

as.factor(4) | 将数字 4 转换为因子, 4 Levels: 4.

1.2.10 快速绘图

plot(x) | 绘制 x 与 x 索引的散点图.

plot(x, y) | 绘制 x 与 y 的散点图.

hist(x) | 绘制 x 的直方图.

barplot(x) | 绘制 x 的条形图.

boxplot(x) | 绘制 x 的箱线图.

pie(x) | 绘制 x 的饼图.

pairs(x)| 绘制数据框 x 的散点图矩阵.

title(main = , sub = , xlab = , ylab =)| 为图形添加标题、副标题、x 轴标签和 y 轴标签.

1.2.11 apply 函数

apply(df, axis, func)| 将函数运用到矩阵型数据的所有行或列上.

lapply(list(a = 1:4, b = 5:9), sqrt)| 将函数运用到列表中的每个元素并返回列表.

sapply(list(a = 1:4, b = 5:9), sqrt) | 将函数运用到列表或矩阵型数据中并返回矩阵.

tapply(mtcars$mpg, mtcars$cyl, mean) | 将数据按因子等级分组, 并对所有分组使用该函数.

1.2.12 建模与统计检验

lm(y ~ x, data = df)| 计算 y 关于 x 的线性模型.

glm(y ~ x, data = df)| 计算 y 关于 x 的广义线性模型.

summary()| 查看模型内容.

t.test(x, y)| t 检验.

prop.test()| 比例检验.

pairwise.t.test()| 结对 t 检验.

aov()| ANOVA 方差分析.

1.2.13 向量

a<-c(2, 4, 6)| 创建向量 2 4 6.

a<-2:6| 创建从 2 到 6 的向量.

seq(2, 8, by = 2)| 从 2 到 8 步幅为 2 的向量.

rep(1:2, times = 3)| 从 1 到 2 整体重复 3 次的向量.

rep(1:2, each = 3)| 从 1 到 2 每个重复 3 次的向量.

rev(c(1, 3, 2))| 反序向量, 2 3 1.

table(c(2, 2, 3))| 对元素进行个数统计.

unique(c(2, 2, 3)) | 对向量元素去重, 2 3.

length(c(1, 3, 2)) | 求向量长度, 3.

x[4] | 向量 *x* 中索引为 4 的元素.

names(x) | 查看或修改向量 *x* 中的元素标签.

x['t'] | 向量 *x* 中标签为"t"的第一个元素.

x[–4] | 向量 *x* 中除第 4 个外所有其他元素.

x[2:4] | 向量 *x* 中第 2 到 4 个元素.

x[–(2:4)] | 除第 2 到 4 个外所有其他元素.

x[c(1, 5)] | 向量 *x* 中第 1、5 个元素.

x[x == 2] | 向量 *x* 中等于 2 的元素.

x[x > 5] | 向量 *x* 中所有大于 5 的元素.

x[x %in% c(1, 5)] | 向量 *x* 与向量 1 5 的交集.

1.2.14 字符串

toupper(x) | 将字符串 *x* 转换成大写.

tolower(x) | 将字符串 *x* 转换成小写.

nchar(x) | 统计字符串 *x* 中的字母个数.

paste(x, collapse = '-') | 将 *x* 中的元素用-联结.

paste(x, y, sep = '-') | 将向量 *x* 与 *y* 中的元素分别用-联结.

grep('a', x) | 判断 *x* 中是否包含字符"a".

sub('l', 'L', x) | 将字符串 *x* 中的第一个"l"替换成"L",并返回新字符串.

gsub('l', 'L', x) | 将字符串 *x* 中的所有"l"替换成"L",并返回新字符串.

substr(x, start = 2, stop = 5) | 提取字符串 *x* 中从第 2 个字母到第 5 个字母的部分.

1.2.15 列表

L <- list(x=1:3, y=c('a', 'b')) | 创建包含元素 *x* 和 *y* 的列表 *L*.

L[1] | 提取列表 *L* 中的第一个元素, 即$x 1 2 3.

L['x'] | 提取列表 *L* 中名为"*x*"的元素, 即$x 1 2 3.

L[[1]] | 提取列表 *L* 中第一个元素的值, 即 1 2 3.

L$x | 提取列表 *L* 中名为"*x*"元素的值, 即 1 2 3.

1.2.16 概率分布

分布	随机取样	单点概率	区间概率	分位数
正态	rnorm()	dnorm()	pnorm()	qnorm()
泊松	rpois()	dpois()	ppois()	qpois()
二项	rbinom()	dbinom()	pbinom()	qbinom()
均匀	runif()	dunif()	punif()	qunif()

1.2.17 因子

a<- factor(1:3) | 将向量 1:3 转换成无序因子 *a*.

b<- ordered(1:3) | 将向量 1:3 转换成有序因子 *b*.

levels(b) | 查看和修改因子 *b* 的因子水平.

relevel(a, ‘3’) | 更改无序因子 *a* 的第一个因子水平.

1.2.18 矩阵

创建矩阵

m<- matrix(1:4, nrow = 2, ncol = 2, byrow = T)

n<- matrix(5:8, nrow = 2)

$$m = \begin{bmatrix} 1 & 2 \\ 3 & 4 \end{bmatrix} \quad n = \begin{bmatrix} 5 & 7 \\ 6 & 8 \end{bmatrix}$$

数据提取

m[1,] | 提取矩阵 *m* 中第 1 行的数，即 1 2.

n[, 2] | 提取矩阵 *n* 中第 2 列的数，即 7 8.

m[2, 2] | 提取矩阵 *m* 中第 2 行第 2 列的数，即 4.

矩阵运算

t(m) | 矩阵转置.

m * n | 矩阵 *m* 逐元素乘矩阵 *n*.

m %*% n | 矩阵 *m* 乘矩阵 *n*.

solve(m) | 矩阵求逆.

solve(m, n) | 求解 $mx = n$.

diag(m) | 返回矩阵 m 的主对角线值.

eigen(m) | 求矩阵 m 的特征值和特征向量.

cbind(m, n) | 按行合并矩阵 m 和矩阵 n.

rbind(m, n) | 按列合并矩阵 m 和矩阵 n.

1	2	5	7
3	4	6	8

cbind(m, n)

1	2
3	4
5	7
6	8

rbind(m, n)

rowMeans(m) | 返回矩阵 m 各行的均数，等于 1.5 3.5.

rowSums(m) | 返回矩阵 m 各行的和，等于 3 7.

colMeans(m) | 返回矩阵 m 各列的均数，等于 2 3.

colSums(m) | 返回矩阵 m 各列的和，等于 4 6.

1.2.19　数据框

df<- data.frame(x = c('a', 'b'), y = 1:2) | 创建数据框 df.

df =

	x	y
1	a	1
2	b	2

View(df) | 查看完整数据框.

hand(df) | 查看数据框前 6 行.

tail(df) | 查看数据框后 6 行.

nrow(df) | 查看数据框行数.

ncol(df) | 查看数据框列数.

dim(df) | 查看数据框行数和列数，即 2 2.

summary(df) | 查看数据框每一列的统计分析.

names(df) | 返回数据框列名，即 “x” “y” .

rownames(df) | 返回数据索引，即“1”“2”.

数据提取

df$y | 提取 y 列的数据，如图 A 所示.

df[[2]] | 提取第 2 列的数据，如图 A 所示.

df[, 2] | 提取第 2 列的数据，如图 A 所示.

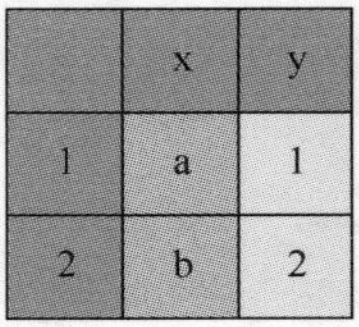

A

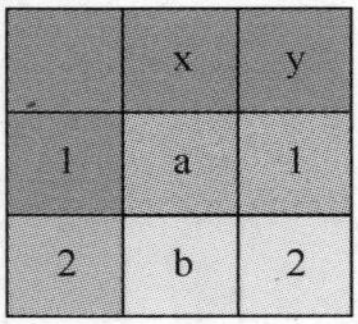

B

df[2,] | 提取数据框 df 的第二行，如图 B 所示.

df[df$x == ‘b’,] | 提取 x 列等于 b 的所有行，如图 B 所示.

subset(df, x == ‘b’) | 提取 x 列等于 b 的所有行，如图 B 所示.

df[df$y %in% 2:4,] | 提取 y 列值在向量 2:4 中的所有行，如图 B 所示.

df[df$x == ‘b’ & df$y %in% c(2, 3, 4),] | 提取 x 列值为 b 且 y 列值在向量 2:4 中的所有行，如图 B 所示.

df[df$x == ‘b’ & !df$y %in% c(0, 1),] | 提取 x 列值为 b 且 y 列值不在向量 0:1 中的所有行，如图 B 所示.

subset(df, x == ‘b’ & y == 2) | 提取 x 列为 b 且 y 列为 2 的所有行，如图 B 所示.

df[2, 2] | 提取第二行、第二列的值，如图 C 所示.

df[2,]$y | 提取第二行、y 列的值，如图 C 所示.

df[df$x == ‘b’,]$y | 提取 x 列为 b, y 列的值，如图 C 所示.

df[2] | 提取第二列，如图 D 所示.

which(df$x == ‘b’) | 返回数据框 df 中 x 列的值为 b 的所有行索引，如图 E 所示.

df[order(df$y, decreasing = TRUE),] | 按 y 列降序排列数据框 df，如图 F 所示.

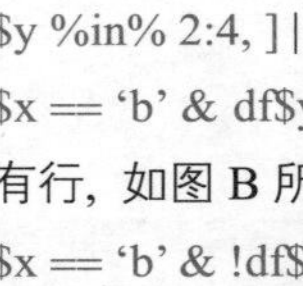

C

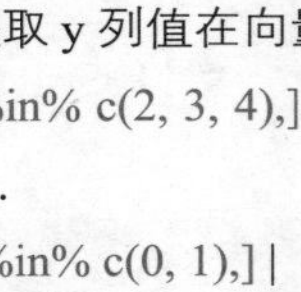

D

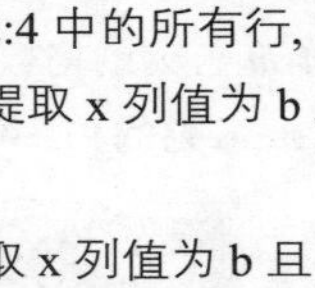

E

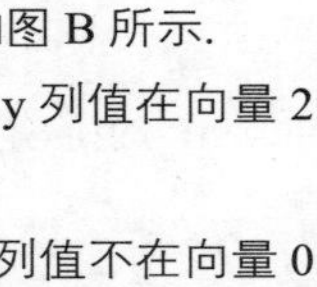

F

数据框合并

创建新数据框　df2<- data.frame(x = c(‘a’, ‘c’), y = c(1, 3))

df2 =

	x	y
1	a	1
2	c	3

cbind(df, df2) | 按行合并数据框 df 和数据框 df2.

rbind(df, df2) | 按列合并数据框 df 和数据框 df2.

merge(x = df, y = df2, by = 'x', all.x = TRUE) | 左连接，如图 G 所示.

merge(x = df, y = df2, by = 'x', all.y = TRUE) | 右连接，如图 H 所示.

merge(x = df, y = df2) | 内连接，如图 I 所示.

merge(x = df, y = df2, by = 'x', all = TRUE) | 外连接，如图 J 所示.

merge(x = df, y = df2, by = NULL) | 全连接，如图 K 所示.

	x	yx	yy
1	a	1	1
2	b	2	NA

G

	x	yx	yx
1	a	1	1
2	c	NA	3

H

	x	y
1	a	1

I

	x	yx	yy
1	a	1	1
2	b	2	NA
3	c	NA	3

J

	xx	xy	xy	yy
1	a	1	a	1
2	b	2	a	1
3	a	1	c	3
4	b	2	c	3

K

第三节 SQL

1.3.1 数据库操作

CREATE DATABASE My_Database | 创建数据库 My_Database.

DROP DATABASE My_Database | 删除数据库 My_Database.

1.3.2 表操作

CREATE TABLE Person (Name varchar(6), Hobby varchar(8), Address varchar(10), Age int) | 创建表 Person(含有四列).

DROP TABLE Person | 删除表 Person.

ALTER TABLE Person ADD Sex char(6) | 在表中再添加 Sex 列.

ALTER TABLE Person DROP Sex char(6) | 删除表中 Sex 列.

1.3.3 索引操作

CREATE INDEX PersonIndex ON Person(Name, Hobby) | 创建索引.

CREATE UNIQUE INDEX PersonIndex ON Person(Name) | 创建唯一索引.

DROP INDEX Person.PersonIndex | 删除索引.

1.3.4 数据操作

INSERT INTO Person VALUES('XiaoXiao', 'football') | 在表中插入新的行.

UPDATE Person SET Address = 'W house' WHERE Name = 'XiaoMing' | 更新行中的一个或多个列.

DELETE FROM Person WHERE Name = 'XiaoMing' | 删除表中的行.

TRUNCATE TABLE Person | 删除表中所有行.

INSERT INTO Person(Name, Age) VALUES('Andy', 30) | 插入 Name 为 Andy, Age 为 30 的数据.

ALTER TABLE Person MODIFY Name VARCHAR(13) NULL | 修改 Person 表 Name 列.

UPDATE Person SET Age = Age + 1 WHERE Hobby = 'football' | 将 Hobby 为 football 的人 Age 加 1.

1.3.5 SELECT 操作

SELECT Name, Hobby FROM Person | 从表中选择 Name, Hobby 两列的数据.

SELECT * FROM Person | 选择 Person 表中所有数据.

SELECT * FROM Person WHERE Sex = 'female' | 从表中选择 Sex 为 female 的数据.

SELECT * FROM Person WHERE(Hobby = 'football' OR Hobby = 'movie') AND Age > 18 | 从表中选择 Hobby 是 football 或 movie，且 Age 大于 18 的数据.

SELECT * FROM Person WHERE Name LIKE '%m' | 从表中选择 Name 以 m 结尾的人.

SELECT * FROM Person WHERE Name LIKE 'M%' | 从表中选择 Name 以 M 开头的人.

SELECT * FROM Person WHERE Name LIKE '%js%' | 从表中选择 Name 含有 js 的人.

SELECT Age FROM Person ORDER BY Name DESC | 从表中选择 Age 列，且按 Name 降序排列.

SELECT Hobby, AVG(Age) FROM Person GROUP BY Hobby | 从表中选择 Hobby, Age 列，并按 Hobby 进行组合，得到组均值.

1.3.6　别名操作

SELECT Name AS Xname, Hobby AS Xhobby FROM Person | 设置 Name 列别名为 XName, Hobby 列别名为 Xhobby.

SELECT Name, Hobby FROM Person AS POP | 设置 Person 表别名为 POP.

1.3.7　JOIN 操作

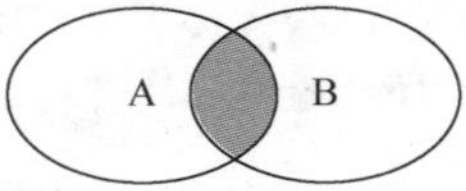

SELECT * FROM A INNER JOIN B ON A.KEY = B.KEY | 内连接.

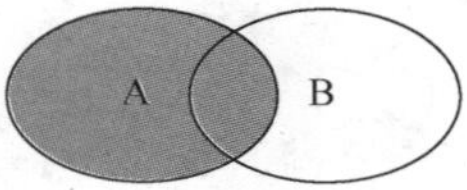

SELECT * FROM A LEFT JOIN B ON A.KEY = B.KEY WHERE B.KEY IS NULL | 左连接(不含重叠部分).

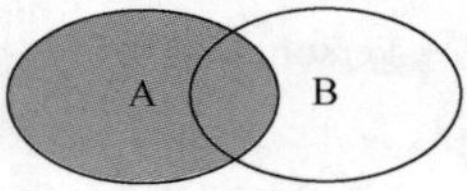

SELECT * FROM A LEFT JOIN B ON A.KEY = B.KEY | 左连接.

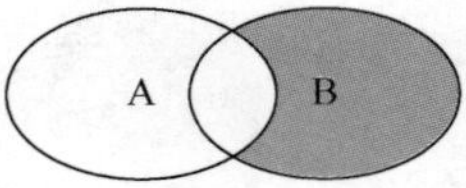

SELECT * FROM A RIGHT JOIN B ON A.KEY = B.KEY WHERE B.KEY IS NULL | 右连接(不含重叠部分).

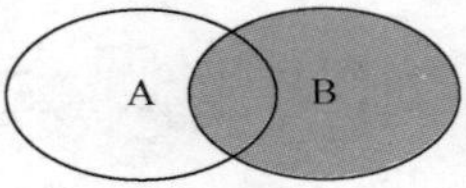

SELECT * FROM A RIGHT JOIN B ON A.KEY = B.KEY | 右连接.

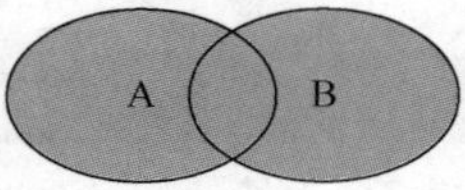

SELECT * FROM A FULL JOIN B ON A.KEY = B.KEY | 全连接.

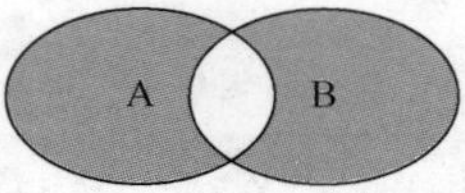

SELECT * FROM A FULL JOIN B ON A.KEY = B.KEY WHERE A.KEY IS NULL OR B.KEY IS NULL | 全连接(不含重叠部分).

1.3.8 UNION 操作

SELECT Name FROM Person1 UNION SELECT Name FROM Person2 | 从表 Person1 和表 Person2 选取所有不同的 Name 值.

SELECT Name FROM Person1 UNION ALL SELECT Name FROM Person2 | 从表 Person1 和表 Person2 选取所有的 Name 值.

1.3.9 常用统计函数

功能	描述
AVG(列)	返回列的平均值
COUNT(列)	返回列的行数(不含 NULL 值)
MAX(列)	返回列的最大值
MIN(列)	返回列的最小值
SUM(列)	返回列的总和

第四节 Git

1.4.1 名词解释

remote | 远程仓库名称.

file | 文件名.

dir | 目录名.

branch | 分支名.

message | 引号括起的信息.

commit | git log 中显示的每个提交的版本号.

tag | 标签名.

mail | 邮件地址.

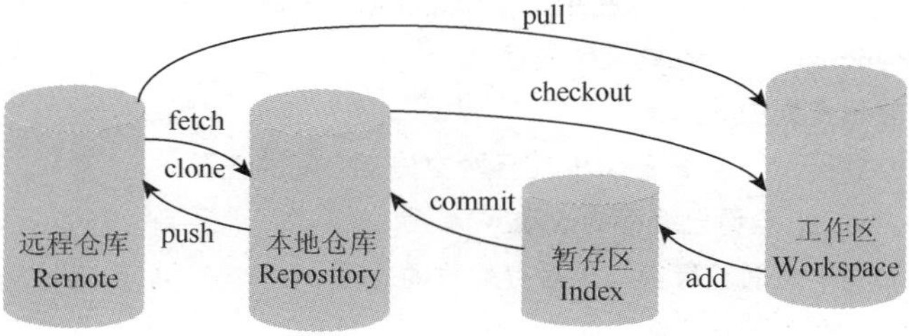

1.4.2 创建版本库

git init | 创建一个新的本地仓库.

git clone my_url | 复制一个已创建的仓库.

git config-list | 显示当前的 Git 配置.

git config –e < --global > | 编辑 Git 配置.

git config core.ignoreCase false |将文件名设置为大小写.

git config --global user.name < name > | 设置全局用户名.

git config --global user.email < email > | 设置全局用户邮箱.

1.4.3 增删文件

git add. | 添加当前修改的文件到暂存区.

git add -u | 更新暂存区文件.

git add -A | 添加所有文件到暂存区，包括未追踪文件.

git add < file > | 添加指定文件到暂存区.

git add < dir > | 添加指定目录(包括子目录)到暂存区.

git rm < file > | 删除工作区文件.

git rm --cached < file > | 停止追踪指定文件，该文件会保存在工作区.

1.4.4 查看信息

git status | 显示有变更的文件.

git status -sb | 显示工作区信息并显示分支及追踪信息.

git status ignored | 显示忽略文件的信息.

git diff | 显示变更内容.

git diff < commit > < commit > | 显示两次提交之间的差异.

git diff --cached | 查看已缓存的改动.

git diff HEAD | 查看已缓存与未缓存的改动.

git log | 显示提交历史记录.

git log --stat | 显示提交历史及每次提交发生变更的文件.

git log -3 -pretty --oneline | 显示过去三次提交信息.

git log --since '3 days ago'| 显示指定时间的提交信息.

git log -p < file > | 显示指定文件的提交历史.

git blame < file > | 以列表的方式显示指定文件的提交历史.

1.4.5 分支

git branch < branch > | 创建本地分支.

git branch | 列出所有本地分支.

git branch -r | 列出所有远程分支.

git branch -a | 列出所有本地和远程分支.

git branch -w | 列出所有本地分支和追踪关系.

git checkout -b < branch > | 创建分支并切换.

git checkout - | 切换到上一个分支.

git rebase < branch > | 将当前版本重置到分支.

git branch < branch > | 基于当前分支新建一个分支.

git branch < branch > < commit > | 在指定提交新建一个分支.

git branch -m < branch > | 更改分支名字.

git branch -d < branch > | 删除分支.

git branch -D < branch > | 强制删除分支.

git merge < branch > | 合并分支到当前分支.

1.4.6 标签

git tag | 列出所有本地标签.

git tag < tag > | 给当前提交新建一个标签.

git tag < tag > < commit > | 在指定提交新建一个标签.

git show < tag > | 查看标签信息.

git tag -d < tag > | 删除本地标签.

1.4.7 远程同步操作

git fetch < remote > | 下载远程仓库的所有改动到本地.

git remote -v | 显示当前所有远程仓库信息.

git remote show <remote> | 显示指定远程仓库信息.

git remote add <shortname> <url> | 添加新的远程仓库.

git remote set -url <remote> <url> | 修改远程仓库的地址.

git remote rm <remote> | 删除远程仓库.

git pull <remote> <branch> | 下载远程仓库的所有变化，合并到本地分支.

git push <remote> <branch> | 将本地版本上传到远程仓库.

git push <remote> --all | 发送所有分支到远程仓库.

git push <remote> --force | 无论是否冲突，强行发送当前分支到远程仓库.

1.4.8 提交

git commit -m "commit message" | 提交所有更新过的文件.

git commit -a | 提交所有本地修改.

git commit --amend | 修改上次提交.

git commit -v | 提交时显示所有变更信息.

git commit --allow --empty | 允许空提交.

1.4.9 清除

git clean -n | 列出将要清除的目录及文件.

git clean -f | 清除文件.

git clean -df | 清除目录及文件.

git clean -xf | 删除当前目录下所有没有跟踪过的文件.

1.4.10 撤销

git checkout | 恢复暂存区所有文件到工作区.

git checkout <file> | 恢复暂存区的指定文件到工作区.

git checkout <commit> <file> | 恢复提交的指定文件到暂存区和工作区.

git reset <file> | 重置暂存区的指定文件，与上一次提交保持一致，但工作区不变.

git reset --hard | 重置暂存区与工作区，与上一次提交保持一致.

git reset --hard HEAD | 放弃工作目录下的所有修改.

git reset < commit > | 将 HEAD 重置到上一次提交的版本, 并将之后的修改标记为未添加到缓存区的修改.

git reset --hard < commit > | 将 HEAD 重置到上一次提交的版本, 并抛弃该版本之后的所有修改.

git reset --keep < commit > | 将 HEAD 重置到上一次提交的版本, 保留未提交的本地修改.

git revert < commit > | 撤销某次提交内容.

第五节 Shell

尖括号“ < > ”的部分需用户自行填写, 例如, cat < file > 表示 cat file.txt, cd < folder > 表示 cd Documents/folder1/, 以此类推.

1.5.1 终端快捷键

CTRL + L | 清屏.

SHIFT + Page Up/Down | 向上/下.

CTRL + A | 将光标移到行的最开始.

CTRL + E | 将光标移到行的末尾.

TAB | 自动补全代码或路径.

CTRL + R | 反序搜索历史记录.

!! | 执行上一次的指令.

CTRL + Z | 终止现在的指令.

COMMAND/ALT + –/ + | 放大或缩小显示字体.

CTRL + U | 剪切光标左侧代码.

CTRL + K | 剪切光标右侧代码.

CTRL + W | 剪切光标左侧单词.

CTRL + Y | (在 CTRL U, K 或 W 之后)粘贴代码.

1.5.2 基本指令

who, whoami | 查看已登录用户/当前用户.

pwd | 查看当前路径.

q | 退出当前窗口.

ls < opt > < file | folder > | 列出指定文件下的内容, 默认为当前文件夹.

其中 < opt > 的常用值有:

- -a | 列出所有文件, 含隐藏文件.
- -l | 以长格式列出所有文件, 字节格式.
- -lh | 以长格式列出所有文件, 正常格式.
- -la | 以长格式列出所有文件, 含隐藏文件.
- -lh *.png | 列出所有 png 文件的信息.
- -lh < file > | 列出某个文件的信息.
- -R | 递归式列出所有子文件.
- ls -S | 按文件大小降序排序.

cd/ | 前往根目录.

cd | 前往家目录.

cd .. | 回到上一级目录.

cd - | 回到之前目录.

cd < folder > | 前往指定文件夹(如文件夹名有空格, 需用引号或转译字符 "\" 连接).

pwd | 显示当前文件夹.

mkdir < folder > | 创建文件夹.

du -h | 查看当前文件夹下所有文件夹的大小.

du -ah | 查看当前文件夹下所有文件的大小.

man < cmd > | 显示某个命令的帮助文档.

1.5.3 文件操作

touch < file > | 创建或更新文件.

cat < file > | 一次性查看文件全部内容.

less | 以标准输出形式逐页查看文件内容.

echo < obj > | 以标准输出形式打印对象.

echo $? | 输出上一个命令执行后的退出值.

head -< n > < file > | 查看文件前 *n* 行内容.

tail - < n > < file > | 查看文件后 *n* 行内容.

tail -f - < n > < file > | 实时查看文件后 *n* 行内容.

cp < Oldfile > < Newfile > | 创建文件副本.

cp < Oldfile > < folder > | 复制文件到指定文件夹.

cp -R < Oldfolder > < Newfolder > | 复制文件夹到指定文件夹.

cp -v | 在复制过程中显示进行.

mv < file > < folder > | 移动文件到文件夹.

mv < folder > < folder > | 移动文件夹到新文件夹.

mv < Oldfile > < Newfile > | 重命名文件.

mv < folder > .. / | 将文件夹向上移动一级.

rm < file > | 删除文件.

rm -i < file > | 带有确认提示地删除文件.

rm -f < file > | 强制删除文件.

rm -r < folder > | 递归式删除文件夹.

ln < file1 > < file2 > | 创建文件的硬链接(即文件别名).

ln -s < file1 > < file2 > | 创建文件的软链接(即快捷方式).

1.5.4　文件搜索

find < path > < arg > < opt > | 按条件对指定路径下的文件进行搜索.

其中 < path > 用来指定搜索的路径, 除了指定绝对路径外, 还可以使用 "." 表示当前文件夹, "～" 表示家目录, 以及 "/" 表示根目录.

常用 < arg > 和 < opt > 参数包括:

-name '*.png' | 搜索所有.png 文件.

-iname '*.PnG' | 搜索时忽略大小写.

-amin n | 第 *n* 分钟前访问过的文件.

-cmin +n | 大于 *n* 分钟前状态改变的文件.

-mmin -n | 在 *n* 分钟内修改过的文件.

-atime n | 第 *n* 天前访问过的文件.

-ctime +n | 大于 *n* 天内状态改变的文件.

-mtime -n | 在 *n* 天内修改过的文件.

-empty | 所有空文件和文件夹.

-size + 100M | 大于 100M 的文件.

-maxdepth 3 | 查找的深度最多至 3 级.

-mindepth 8 | 查找时从下至 8 级开始.

-uid 100 | 用户 ID 为 100 的文件.

-gid 100 | 组 ID 为 100 的文件.

-group staff | 属于 staff 组的文件.

-user penglu | 属于用户 penglu 的文件.

-type f | 只搜索文件类型.

-perm 755 | 搜索权限为 755 的文件.

< arg > ! < arg > | 满足两个条件的文件.

< arg > -o < arg > | 满足任意条件的文件.

< exp > 的其余参数需根据搜索内容的不同而定，可使用 man find 命令查阅 find 的帮助文档.

1.5.5 文件压缩与解压

tar 命令用于将文件和目录集合转换为高度压缩的文档文件，以便于可以轻松地将文件从一个磁盘移动到另一个磁盘. 其语法为:

tar < opt > < file | dir >

其中 < opt > 的常用值有:

-c | 创建文档文件.

-t | 显示文档文件内容.

-x | 解压文件.

-f < NewFile > | 指定文件名称.

-z | 使用 gzip 压缩.

-j | 使用 bzip2 压缩.

-v | 显示过程.

应用举例

tar -cvf tarfile.tar mydoc

将 mydoc 文件夹转换成 tarfile.tar 文档文件.

tar -xvf tarfile.tar
解压 tarfile.tar 文件到当前文件夹.

tar -tvf tarfile.tar
显示 tarfile.tar 文件内容.

1.5.6 进程管理

ps | 显示静态进程列表.

top | 显示动态进程列表.

pstree | 以层级结构显示进程.

kill < PID > | 按进程 ID 终止进程.

killall < Pname > | 按名称终止所有相关进程.

pgrep < Pname > | 通过进程名查找进程的 ID.

1.5.7 文本操作

grep < opt > < ptn > < file > | 在指定条件下查找文件中所包含的字符串模板，默认情况下该函数将输出所有匹配的行.

其中 < opt > 的常用值有:

- -i | 搜索时忽略大小写.
- -r | 递归式搜索.
- -A | 显示匹配行之后的内容.
- -B | 显示匹配行之前的内容.
- -C | 显示匹配行之前和之后的内容.
- -h | 输出结果时不显示文件名.
- -w | 只显示全字符合匹配.
- -c | 计算符合模板的行数.
- -n | 显示符合模板的行编号.
- -v | 搜索不包含此模板的行.
- -E | 以拓展正则表达式进行搜索.
- -s | 不显示错误信息.
- -H | 显示匹配行所属文件的文件名.

-q | 不输出任何信息.

sed ‘s/<ptn>/<replace>/’ <file> | 流编辑器函数, 用来以标准输出形式修改符合字符串模板的文字, 例如:

echo ‘hi there’ | sed ‘s/hi/hello/’

wc <opt> <file> | 字数统计函数.

其中<opt>的常用值有:

-c | 显示文件的字节数.

-l | 显示文件的行数.

-L | 显示最长行的长度.

-m | 显示文件中的字符数.

-w | 显示文件的字数.

cut <opt> <file> | 切片函数, 用来以标准输出形式切片字符串.

其中<opt>的常用值有:

-b | 只选中指定的这些字节.

-c | 只选中指定的这些字符.

-d | 自定义字段分隔符, 默认为“TAB”.

-f | 显示指定字段的内容.

-n | 与“-b”连用, 不分割多字节字符.

awk <opt> ‘{ <cmd> <opt> }’ <file> | 高级文本分析函数, 它逐行读取输入流中的内容并对每一行执行指定命令, 例如:

awk -F, ‘{print $1, $5}’ data.csv

即使用逗号来分割每一行并把每一行的第一和第五个字段打印出来.

sort <opt> <file> | 将指定文件内容排序.

其中<opt>的常用值有:

-b | 忽略每行前面的空格符.

-f | 排序时忽略字符大小写.

-n | 按数值来排序, 避免 10 比 2 小的情况.

-o | 重定向输出结果来写入文件.

-r | 降序排列(默认为升序).

-t | 指定列的分隔符.

-u | 输出时去除重复行.

-R | 随机排序.

1.5.8 Shell 编程

Shell 脚本就是一个包含 Linux 命令的可执行文本文件，在该文件中可以放置任何需要的命令.

条件比较

表达式	意义
[-z STRING]	空字符
[-n STRING]	非空字符
[NUM -eq NUM]	等于
[NUM -ne NUM]	不等于
[NUM -lt NUM]	小于
[NUM -le NUM]	小于或等于
[NUM -gt NUM]	大于
[NUM -ge NUM]	大于或等于
[! EXPR]	非
[X] && [Y]	且
[X] || [Y]	或

缩写表达

表达式	意义
{A, B}	等于 A B
{A, B}.js	等于 A.js B.js
{1..5}	等于 1 2 3 4 5

特殊变量

符号	意义
name = value	将值赋值给变量
#!/bin/bash	指定脚本运行所需的 Shell 类型
$0	查看当前脚本的文件名

续表

符号	意义
$1...$9	传递给脚本命令行的某个参数
$#	传递给脚本命令行的参数个数
$*	传递给脚本命令行的所有参数
$$	查看当前 Shell 的进程 ID
$?	查看上个命令的退出状态

1.5.9 文件权限

sudo < cmd > | 以任何人身份运行代码，默认为系统管理员 root.

sudo -u penglu < cmd > | 以用户 penglu 身份运行代码.

sudo !! | 以管理员身份重新运行上一步代码.

ls -l < file > | 可用来查看文件权限，第一位字符代表文件类型: -代表一般文件，d 代表文件夹，l 表示链接，后面的九位字符三个为一组，分别代表所有者权限、组员权限及其他用户的权限.

chown < owner > < file > | 更改文件所有者.

chown < owner > : < group > < file > | 更改文件所有者和所属组.

chown -R | 递归式更改所有子文件从属关系.

chmod < obj > < act > < perm > < file > | 对指定文件的目标对象修改权限，例如:

chmod ug + rw file.txt

对象包括：所有者 u，所属组 g，和其他人 o.

动作包括：增加权限 +，取消权限-，设定权限 = .

权限包括：读取 r，写入 w，执行 x.

权限也可以用数字 0 或 1 表示，例如，rwx 等于 111，r--等于 100. 如果将这些二进制数再次转换为十进制，就可以使用简写来修改权限，例如:

chmod 660 file.txt

1.5.10 VIM 编辑器基础

vim < file > | 用 VIM 编辑器查看文件. 在 VIM 编辑器中可使用以下命令对文

件进行查看和编辑:

h, j, k, l | 向左、下、上、右移动光标.

w | 移动到下一个单词.

b, e | 移动到当前词的词首、词尾.

B, E | 移动到空格分词的词首、词尾.

0, $ | 移动到当前行的行首、行尾.

12G, :12 | 移动到文件第 12 行.

gg, G | 移动到文件开始、结尾.

H, M, L | 移动到屏幕的上方、中间、下方.

(), { } | 移动到上、下一句, 上、下一段.

X, x, D | 删除光标左、右、至末尾的字符.

dd, :d | 删除当前行.

/string, ?string | 向下、上文搜索.

n/N | 查找上一个、下一个.

u, Ctrl + r, U | 撤销、重做、撤销整行.

:s/strA/strB/g | 将所有字符串 A 换成 B.

r, dd, yy, p, P | 替换、剪切整行、复制整行、粘贴在光标前、粘贴在光标后.

1.5.11 特殊字符

> | 重定向输出.

< | 重定向输入.

* | 匹配 0 或多个字符.

? | 匹配任意一个字符.

[...] | 匹配指定字符中的一个.

| | 管道命令.

$ | 访问变量中的值.

\ | 转意字符.

~ | 使用命令的输出内容.

‘ ’| 移除所有特殊符号的意义.

“ ”| 移除除$\外其余特殊符号意义.

<cmd1> && <cmd2> | 当命令 1 成功后执行 2.

<cmd1> || <cmd2> | 当命令 1 出错后执行 2.

<cmd> & | 后台运行命令.

第二章　数据分析

NumPy是Python语言的一个扩展库，支持多维数组与矩阵运算．此外，它也针对数组运算提供大量的数学函数库．NumPy 提供了与Matlab相似的功能与操作方式，因为两者皆为直译语言．

Scipy是基于NumPy构建的一个集成了多种数学算法和方便的函数的Python模块，它包含了一组专门解决科学计算中各种标准问题的工具，如数值积分、微分方程求解、傅里叶变换等．

Pandas是基于NumPy构建的，利用它的高级数据结构Series、DataFrame和操作工具，可使得数据分析工作变得更加便捷高效．除了常规的表格数据分析工作之外，还可以使用它对时序数据进行处理，或完成基本数据可视化的任务．

数据清洗是数据科学的重要环节，决定输入数据质量的优劣，影响模型的精度．数据清洗主要包含数据整合，缺失值处理，离群值处理，以及数据转换等方面的内容．

StatsModels是Python中一个强大的统计分析库，包含了回归分析、时间序列分析、假设检验等的功能．StatsModels 在计量的简便性上不及Stata等软件，但它的优点在于可以与Python的其他的任务(如NumPy、Pandas)有效结合，提高工作效率．

第一节 NumPy

NumPy库是Python科学计算中的核心工具库之一，它提供了高性能多维数组结构–ndarray 和用来操控这些数组的各种工具与函数.

导入 NumPy 库

```
import numpy as np
```

NumPy 中的维度方向用 axis 表示.

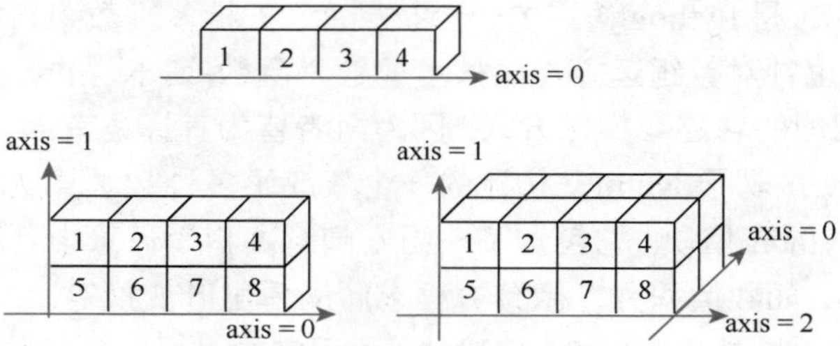

2.1.1 创建数组

np.zeros((2)) | 2 个 0 的一维数组.

np.zeros((2, 3)) | 6 个 0 的二维数组.

np.ones((2, 3, 4)) | 24 个 1 的三维数组.

np.empty((3)) | 创建初始值随机的一维数组

np.eye(3) | 创建 3×3 的单位矩阵.

np.array([[1, 2], [3, 4]]) | 二维数组.

np.array([1, 0], dtype = np.bool) | 一维布尔数组.

np.array([[[1, 2], [3, 4]], [[5, 6], [7, 8]]]) | 三维数组.

np.full((2, 3), 7) | 数值全部为 7 的 2×3 二维数组.

np.arange(4) | 从 0 到 3 的一维数组.

np.arange(5, 25, 5) | 从 5(包含) 到 25(不包含)，步幅为 5 的一维数组.

np.linspace(0, 9, 10) | 创建从 0(包含) 到 9(包含)，长度为 10 的等差数列.

np.random.random((2, 3)) | 从区间[0.0, 1.0) 中随机抽取 6 个数，填入 2×3 的数组中.

np.cos(np.linspace(0, 2*np.pi, 10)) | 创建长度为 10 的从 0 到 2π 余弦函数值的等差数列.

2.1.2　数组的结构

说明: arr 为一个 ndarray 数组.

arr.shape | 数组的维度.

len(arr) | 数组的长度.

arr.ndim | 数组维度的大小.

arr.size | 数组中元素的个数.

arr.dtype | 数组数据的类型.

arr.dtype.name | 数组数据类型的名称.

arr.astype('float') | 将数据类型转换为其他类型.

数据类型

np.int64 | 64 位整数型.

np.float32 | 标准双精度浮点型.

np.complex | 由 128 位浮点代表的复数.

np.bool | 布尔型.

np.object | Python 中 object 类型.

np.nan | NA 值, 为浮点型.

2.1.3　文件读取

np.save('my_arr', arr) | 以 npz 格式将数组保存到本地.

np.savetxt('my_arr.txt', arr) | 以文本格式将数组保存到本地.

np.load('my_arr.npy') | 读取本地 NumPy 数组文件.

np.loadtxt('my_arr.txt') | 读取本地文本数组文件.

np.genfromtxt('file.csv', delimiter = ', ') | 将 CSV 文件转换成 NumPy 数组.

2.1.4　数组切片

说明: arr = np.arange(0, 100).reshape(20, 5).

arr[4] | 提取第 5 个(行)的元素.

arr[1, 0] | 提取第 2 行第 1 列的元素.

arr[[0, 2], [1, 3]] | 提取位于第 1 行第 2 列[0, 1]和第 3 行第 4 列[2, 3]的两个元素.

arr[1][0] | 提取第 2 行第 1 列的元素.

arr[0:5] | 提取第 1 行到第 5 行的元素.

arr[:5] | 提取前 5 行的元素.

arr[0:10:2] | 提取第 1, 3, 5, 7, 9 行的元素.

arr[::-1] | 反序数组.

arr[0:2, 2] | 提取前 2 行的第 3 列的元素.

arr[:, :] | 提取所有行和所有列的元素.

arr[4, …] | 提取第 5 行的元素.

arr[arr < 50] | 提取所有小于 50 的元素.

2.1.5 数组的操作

说明: arr = np.array([[1, 2], [3, 4]]).

arr.T | 数组转置, [[1, 3], [2, 4]].

arr.ravel() | 扁平化数组, [1, 2, 3, 4].

arr.reshape(4, 1) | 重塑数组，元素个数需保持一致, [[1], [2], [3], [4]].

arr.resize((2, 3)) | 重塑原数组，元素个数可不同, [[1, 2, 3], [4, 0, 0]].

np.append(arr, [[5, 6]]) | 扁平化后插入新数组[[5, 6]], 若指定 axis 参数，则会按指定方向插入, [1, 2, 3, 4, 5, 6].

np.insert(arr, 3, [5, 6]) | 扁平化后按索引插入新数组[[5, 6]], 若指定 axis 参数，则会按指定方向插入, [1, 2, 3, 5, 6, 4].

np.delete(arr, 1) | 扁平化后按索引删除元素，若指定 axis 参数则会按维度方向删除, [1, 3, 4].

np.concatenate((arr, arr), axis = 1) |按指定维度方向(需已存在)合并多个数组, [[1, 2, 1, 2], [3, 4, 3, 4]].

np.hstack((arr, arr)) | 按水平方向合并多个数组.

np.vstack((arr, arr)) | 按竖直方向合并多个数组.

np.split(arr, 2) | 按第 0 维度方向将数组切成 2 份, [[1, 2]]和[[3, 4]].

np.split(arr, 2, 1) | 按第 1 维度方向将数组切成 2 份, [[1], [3]]和[[2], [4]].
arr.tolist() | 将数组转换成列表.

2.1.6　数组的运算

np.nan is np.nan | 返回 True.
np.nan == np.nan | 返回 False.
a == b | 逐元素比较，返回等维度布尔数组.
a < 2 | 逐元素比较，返回等维度布尔数组.
a + b, a–b, a*b, a/b | 逐元素进行加、减、乘、除运算.
a.dot(b) | 数量积运算.
np.max(a), np.min(a), np.mean(a), np.std(a) | 求数组整体的最大、最小、均值和标准差.
a.max(axis = 0), a.min(axis = 1) | 按指定维度方向求最大值、最小值.
a.sort(axis = 0) | 按指定维度方向对数组进行升序排列.
a.copy() | 深拷贝数组.
a.view() | 创建数组的 view.
np.copy(a) | 浅拷贝数组.
np.array_equal(a, a) | 数组间整体比较，返回单个布尔值.
np.exp(a), np.sqrt(a), np.sin(a), np.log(a) | 逐元素地做幂、开平方、正弦、自然对数运算.

第二节　Scipy Basics

SciPy 库是科学计算的核心软件包之一，它提供基于 Python 的 NumPy 扩展构建的数学算法和便利功能.

2.2.1　与 NumPy 交互

import numpy as np

创建数组

a = np.array([1, 2, 3])

b = np.array([[(4, 5, 6)], [(3, 2, 1), (4, 5, 6)]])

索引技巧

np.mgrid[0:6, 0:6] | 创建一个密集高维格点矩阵.

np.ogrid[0:2, 0:2] | 创建一个可进行广播的数组.

np.r_[4, [0]*2, –1:1:3j] | 按行垂直堆栈数组, array([4, 0, 0, –1, 0, 1]).

np.c_[np.array([1, 2]), np.array([4, 5])] | 按列堆栈数组, array([[1, 4], [2, 5]]).

形状操纵

np.transpose(b) | 改变高维数组的形状.

b.flatten() | 扁平化数组.

np.hsplit(b, 2) | 在第二个索引水平分割数组.

np.vpslit(b, 2) | 在第二个索引垂直分割数组.

多项式

from numpy import poly1d
p = poly1d([3, 4, 5]) | 创建一个多项式对象，表示返回 $p = 3x^2 + 4x + 5$.

向量化函数

```
def myfunc(a, b):
    if a > b:
        return a–b
    else:
        return a + b
xfunc = [[2, 4], 2]
xfunc = np.vectorize(myfunc) | 向量化函数, array([4, 2]).
```

类型处理

np.real() | 返回数组元素的实数部分.

np.imag() | 返回数组元素的虚部.

np.real_if_close([2.3 + 4e–18j]) | 如果复杂部分接近 0，则返回一个真实数组, array([2.3]).

x = np.array([1.2, 2.3])
x.astype(int) | 数组的副本，转换为指定的类型, array([1, 2]).

其他有用功能

np.angle(b, deg = True) | 返回复杂参数的角度.

g = np.linspace(0, 6, num = 5) | 以指定的时间间隔返回均匀间隔的数字，0 为序列的起始值，6 为序列的结束值，num 为要生成的样本数量.

np.logspace(0, 5, 8) | 创建等比数列，参数分别为开始点 10^0，结束点 10^5，元素个数 8.

np.select([c < 4, c > 6], [c*2, c]) | 根据条件返回从选择列表中的元素中抽取的数组，当满足 $c < 4$ 时，执行 $c*2$；当 $c > 6$ 时，执行 c.

2.2.2 线性代数

from scipy import linalg as LA

创建矩阵

c = np.mat([[3, 2, 0], [1, 1, 0], [0, 5, 1]])

d = np.matrix([0, −1, 2])

矩阵基础

LA.inv(c) | 矩阵的逆.

LA.solve(c, d) | 求解未知线性方程组 $cx = d$.

LA.solve_circulant(c, d) | 对 x 求解 $cx = d$，其中 c 是一个循环矩阵.

LA.det(c) | 计算矩阵的行列式.

LA.pinv(c) | 计算矩阵的伪逆.

LA.pinvh() | 计算 Hermitian 矩阵的伪逆.

LA.norm(c) | Frobenius 范数.

LA.norm(c, 1) | ℓ_1 范数（最大列总和）.

LA.norm(c, np.inf) | ℓ_∞ 范数（最大行总和）.

np.linalg.matrix_rank(c) | 矩阵的秩.

LA.eigvals(c) | 计算特征值.

分解

LA.lu(c) | 计算矩阵的枢轴 LU 分解.

LA.svd(c) | 奇异值分解.

LA.svdvals(c) | 计算矩阵的奇异值.

LA.qr(c) | 计算矩阵的 QR 分解.

LA.schur(c) | 计算矩阵的 Schur 分解.

矩阵函数

LA.logm(c) | 计算矩阵对数.

LA.sinm(c) | 计算矩阵正弦.

LA.tanm(c) | 计算矩阵正切.

LA.coshm(c) | 计算双曲线矩阵余弦.

LA.sqrtm(c) | 矩阵平方根.

LA.expm(c) | 矩阵指数.

LA.logm(c) | 矩阵对数.

LA.fractional_matrix_power(c, 0.5) | 计算矩阵的分数幂.

LA.solve_sylvester(O, P, Q) | 计算 Sylvester 方程的解($Ox + xP = Q$).

特殊矩阵

LA.hadamard(n) | 构建一个 Hadamard 矩阵, 且 n 必须是 2 的幂次方.

LA.companion([1, 3, 5]) | 创建伴随矩阵.

LA.dft(n) | 离散傅里叶变换矩阵(n 为矩阵的大小).

LA.helmert(5) | 创建一个 5 阶 Helmert 矩阵.

LA.hilbert(3) | 创建一个 3 阶 Hilbert 矩阵.

LA.invhilbert(n) | 计算 n 阶 Hilbert 矩阵的逆.

2.2.3 稀疏矩阵

from scipy import sparse as sps

稀疏矩阵类型

sps.bsr_matrix((3, 4)) | 块稀疏行矩阵.

sps.coo_matrix((3, 4)) | coordinate 稀疏矩阵.

sps.csc_matrix((3, 4)) | 压缩稀疏列矩阵.

sps.csr_matrix((3, 4)) | 压缩稀疏行矩阵.

sps.dia_matrix([1, 2, 3], 1) | 具有 DIAgonal 存储的稀疏矩阵.

sps.dok_matrix((5, 5)) | 基于字典键的稀疏矩阵.

sps.lil_matrix(c) | 基于行的链表稀疏矩阵.

函数

sps.eye(3) | 对角线上创建全为 1 的稀疏矩阵.

sps.kron(X, Y) | 稀疏矩阵 X 和 Y 的 Kronecker 乘积.

sps.kronsum(X, Y) | 稀疏矩阵 X 和 Y 的 Kronecker 和.

sps.diags([1, −2, 1], [−1, 0, 1]) | 将数组放在稀疏矩阵的指定对角线上.

sps.spdiags(c, [0, −1, 2], 4, 4) | 将高维数组放在稀疏矩阵的指定对角线上.

sps.tril(c) | 以稀疏格式返回矩阵的下三角部分.

sps.triu(c) | 以稀疏格式返回矩阵的上三角部分.

sps.rand(3, 4) | 生成具有均匀分布值的给定形状和密度的稀疏矩阵.

sps.random(4, 5) | 生成具有随机分布值的给定形状和密度的稀疏矩阵.

保存并加载稀疏矩阵

sps.save_npz(file) | 将稀疏矩阵保存到文件中.

sps.load_npz(file) | 从文件中加载稀疏矩阵.

识别稀疏矩阵

sps.issparse(x) | x 是否为稀疏矩阵类型.

sps.isspmatrix_csc(x) | x 是否为 csc matrix 类型.

sps.isspmatrix_csr(x) | x 是否为 csr matrix 类型.

sps.isspmatrix_bsr(x) | x 是否为 bsr matrix 类型.

2.2.4　常用子模块

模块	说明
scipy.cluster	矢量量化/Kmeans
scipy.constants	物理和数学常数
scipy.fftpack	傅里叶变换
scipy.integrate	集成例程
scipy.interpolate	插值
scipy.io	数据输入和输出
scipy.linalg	线性代数例程
scipy.ndimage	n 维图像包
scipy.odr	正交距离回归
scipy.optimize	积分和常微分方程求解

续表

模块	说明
scipy.signal	信号处理
scipy.sparse	稀疏矩阵
scipy.spatial	空间数据结构和算法
scipy.special	信号处理
scipy.stats	统计

第三节 Pandas

Pandas 基于 NumPy 构建，利用它的高级数据结构和操作工具，可使数据分析工作变得更加便捷高效.

符号标记

s | 一个 Series 对象.

df | 一个 DataFrame 对象.

导入包(Pandas 0.20.1)

import numpy as np

import pandas as pd

2.3.1 基本数据结构

Series

一维数据结构，包含行索引和数据两个部分.

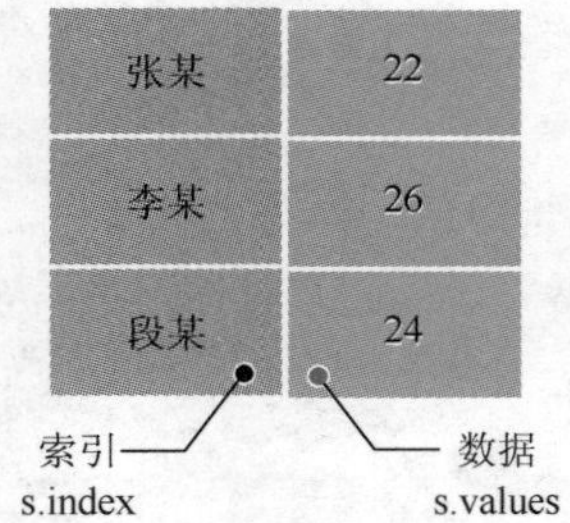


```
s = pd.Series([14, 15, 17],
        index = [u'张某', u'李某', u'段某'])
```

DataFrame

二维数据结构，包含带索引的多列数据，各列的数据类型可能不同.

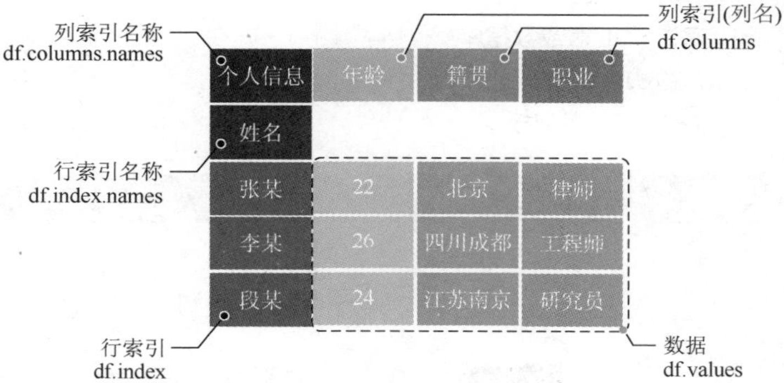


```
df = pd.DataFrame([[22, u'北京', u'律师'],
                   [26, u'四川成都', u'工程师'],
                   [24, u'江苏南京', u'研究员']],
                  index = [u'张某', u'李某', u'段某'],
                  columns = [u'年龄', u'籍贯', u'职业'])
```

2.3.2 文件读写

从文件中读取数据(DataFrame)

pd.read_csv() | 从 CSV 文件读取.

参数：file，文件路径；sep，分隔符；index_col，用作行索引的一列或者多列；usecols，选择列; encoding，字符编码类型，通常为“utf-8”.

pd.read_table() | 从制表符分隔文件读取，如 TSV.

pd.read_excel() | 从 Excel 文件读取.

pd.read_sql() | 从 SQL 表或数据库读取.

pd.read_json() | 从 JSON 格式的 URL 或文件读取.

pd.read_clipboard() | 从剪切板读取.

将 DataFrame 写入文件

df.to_csv() | 写入 CSV 文件.

参数: file, 文件路径; sep, 分隔符; columns, 写入文件的列; header, 是否写入表头; index, 是否写入索引.

df.to_excel() | 写入 Excel 文件.

df.to_sql() | 写入 SQL 表或数据库.

df.to_json() | 写入 JSON 格式的文件.

df.to_clipboard() | 写入剪切板.

2.3.3 数据索引

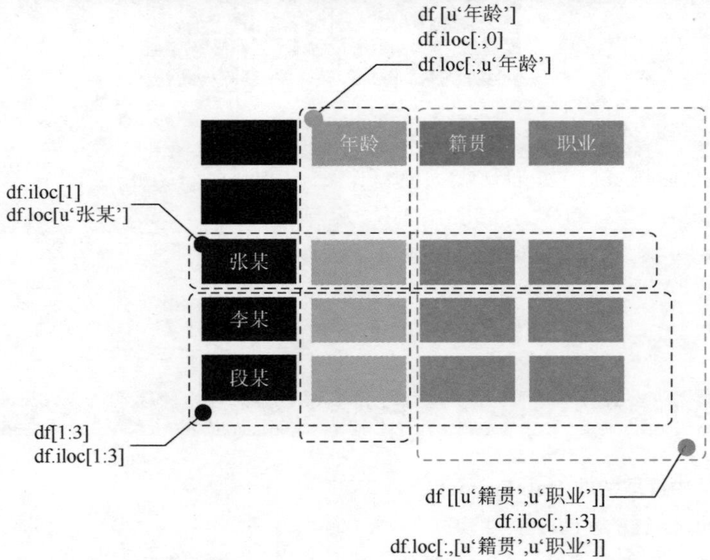

df[5:10] | 通过切片方式选取多行.

df[col_label]或 df.col_label | 选取列.

df.loc[row_label, col_label] | 通过标签选取行/列.

df.iloc[row_loc, col_loc] | 通过位置(自然数)选取行/列.

2.3.4 数据探索

s.unique() | 唯一值.

s.value_counts() | 唯一值及其计数.

df.head(n) | 前 *n* 行数据.

df.tail(n) | 后 *n* 行数据.

df.sample(n) | 随机采样的 *n* 行数据.

df.shape | 行数和列数.

df.info() | 样本数、数据类型和内存占用等信息.

df.describe() | 描述性统计信息汇总.

2.3.5　筛选与过滤

df[u'职业'].isin([u'研究员']) | 判断“职业”是否包含“研究员”.

df[df[u'年龄'] > 25] | 逻辑表达式筛选行.

df.loc[df[u'年龄'] > 25, [u'职业']] | 逻辑表达式筛选行，并筛选列.

df.filter('regex') | 筛选满足表达式的列.

df.drop([u'李某'], axis = 0) | 删除“李某”行.

df.drop([u'年龄'], axis = 1) | 删除“年龄”列.

df.drop_duplicates() | 删除重复样本.

df.select_dtypes() | 根据数据类型包含(in-clude)或去除(exclude)列.

2.3.6　调整索引和修改标签

inplace=True，更改原始 Pandas 对象；axis=0，纵向轴；axis=1，横向轴.

df.astype({u'年龄': 'int8'}) | 数据类型转换.

df.index = ['a', 'b', 'c'] | 修改行索引.

df.columns = ['a', 'b', 'c'] | 修改列索引.

df.set_index() | 设置某一列为索引.

df.reset_index() | 重置索引为自然数索引.

df.reindex(index, columns=['A', 'B']) | 根据 index 和 columns 进行重排.

df.rename(index, columns={'A': 'B'}) | 对行索引或列标签进行修改.

2.3.7　排序和排名

df.sort_index(axis = 0) | 按照行索引进行排序.

df.sort_values('A', axis = 0) | 根据“A”列值进行升序排列.

df.sort_values('A', ascending = False) | 根据"A"列值进行降序排列.

df.rank(axis = 0) | 返回元素在所属列的排名.

2.3.8 层次化索引

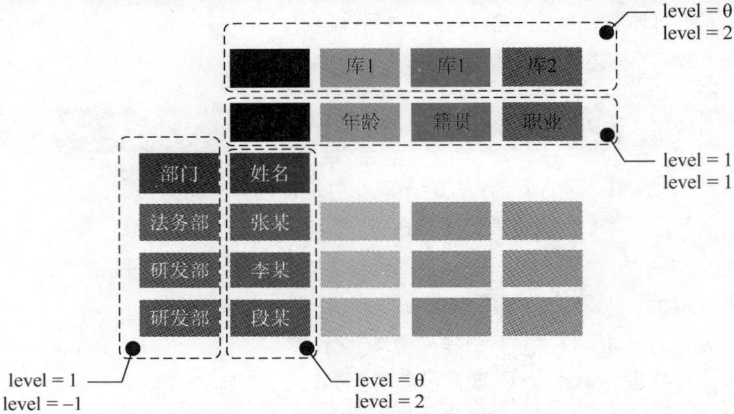

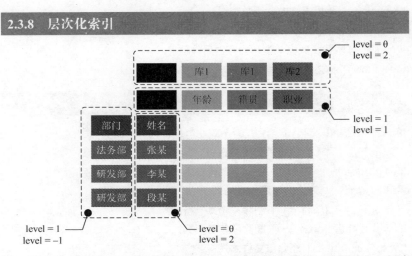

df.index = [[u'法务部', u'研发部', u'研发部'], [u'张某', u'李某', u'段某']] | 创建层次化索引.

df.index.names = [u'部门', u'姓名'] | 创建行索引名称.

df.swaplevel(0, 1) | 互换行索引级别.

df.reorder_levels([1, 0]) | 重排行索引级别.

df.xs(u'年龄', level = 1, axis = 1) | 根据某一层级进行交叉选择.

2.3.9 统计函数

df.sum() | 求和.

df.mean() | 均值.

df.max() | 最大值.

df.min() | 最小值.

df.median() | 中位数.

df.quantile([0.25, 0.75]) | 分位数.

df.std() | 标准差.

df.var() | 方差.

df.cumsum() | 累和.
df.mode() | 众数.
df.corr() | 相关系数矩阵.
df.cov() | 协方差矩阵.
df.corrwith() | 不同 Pandas 对象之间的相关性.

2.3.10 缺失值检测与处理

df.isnull() | 判断每个元素是否为缺失值.
df.notnull() | 判断每个元素是否为非缺失值.
df.fillna({‘A’:1, ‘B’:22}) | 多列缺失值填补.
df.dropna() | 删除缺失值所在行/列.
参数: axis, 操作轴, 默认为横向, 即丢弃行; how, 丢弃方式; subset, 考虑部分行和列; thresh, 非缺失值数量下限.

2.3.11 数据合并

数据融合(merge)

left

	姓名	年龄
0	张某	22
1	李某	26
2	段某	24

right

	姓名	籍贯
7	张某	北京
8	李某	四川成都
9	段某	江苏南京

inner

	姓名	年龄	籍贯
0	张某	22	北京
1	李某	26	四川成都

pd.merge(left,right,
how = ‘inner’,on‘姓名’)

outer

	姓名	年龄	籍贯
0	张某	22.0	北京
1	李某	26.0	四川成都
2	段某	24.0	NaN
3	钱某	NaN	江苏南京

pd.merge(left,right,
how = ‘outer’,on = u‘姓名’)

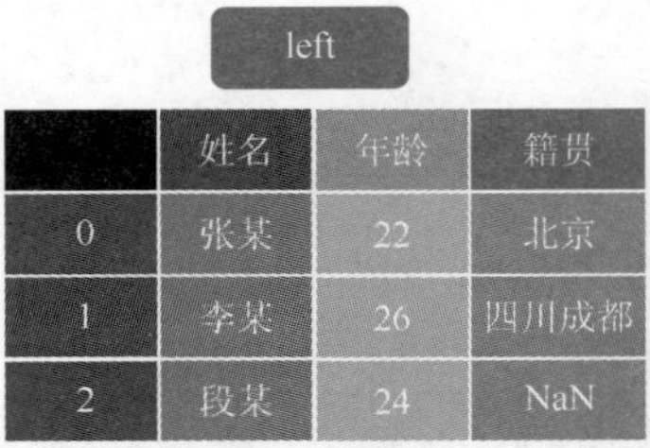
left
姓名
年龄
籍贯
0
张某
22
北京
1
李某
26
四川成都
2
段某
24
NaN

pd.merge(left,right,
how = 'left',on = u'姓名')

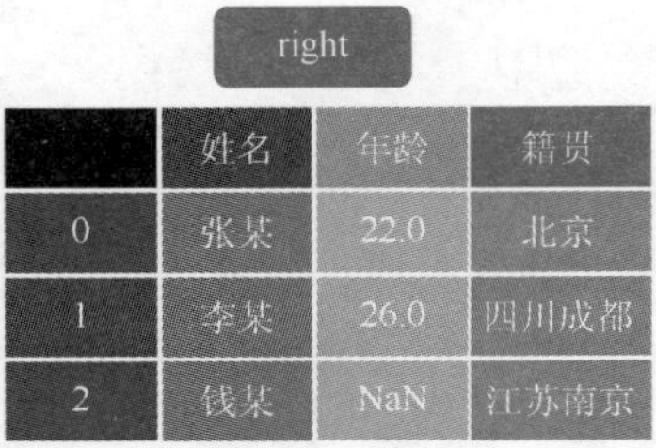
right
姓名
年龄
籍贯
0
张某
22.0
北京
1
李某
26.0
四川成都
2
钱某
NaN
江苏南京

pd.merge(left,right,
how = 'right',on = u'姓名')

pd.merge(left, right) | 类数据库的数据融合操作.

参数: how, 融合方式, 包括左连接、右连接、内连接(默认)和外连接; on, 连接键; left_on, 左键; right_on, 右键; left_index, 是否将 left 行索引作为左键; right_index, 是否将 right 行索引作为右键.

数据融合(join)

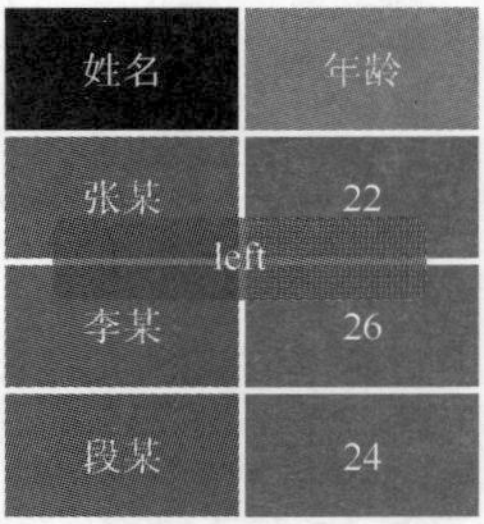
姓名
年龄
张某
22
left
李某
26
段某
24

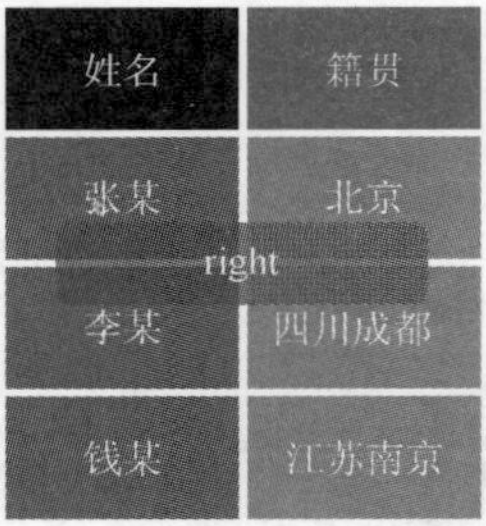
姓名
籍贯
张某
北京
right
李某
四川成都
钱某
江苏南京

姓名
年龄
籍贯
张某
22
北京
left.join(right)
李某
26
四川成都
段某
24
NaN

等价于
pd.merge(left,right,
how = 'left',
left_index = True,
right_index = True)

left.join(right) | 在索引上的数据融合操作.

数据融合(combine_first)

left.combine_first(right)

在数据融合的同时(行索引和列索引取并集), 使用 right 中的值填补 left 中相应位置的缺失值.

轴向连接

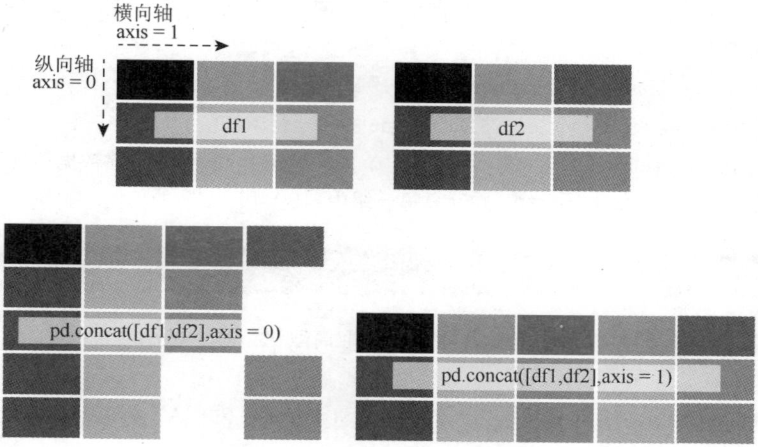

pd.concat([df1, df2]) | 轴向连接多个 DataFrame.

2.3.12　轴向旋转和数据转换

轴向旋转

df.stack() | 将数据的列“旋转”为行.

df.unstack() | 将数据的行“旋转”为列.

数据转换

s.map() | 利用函数或映射进行数据转换.

df.applymap() | 利用函数或映射进行数据转换.

df.replace() | 替换元素值.

df.columns.map(str.upper) | 将列名转换为大写.

2.3.13　数据聚合与分组运算

df.groupby('A') | 根据“A”列的值进行分组，并返回一个 GroupBy 对象.

df.groupby(['A', 'B']) | 根据“A”列和“B”列的值组合进行分组，并返回一个 GroupBy 对象.

df.groupby('A')['B'].mean() | 根据"A"列的值进行分组，并计算每一组"B"的均值.

df.groupby('A').agg(np.mean) | 根据"A"列的值进行分组，并计算每一组中各列的均值.

df.apply(np.mean) | 对 DataFrame 的每一列求均值.

df.apply(np.mean, axis = 1) | 对 DataFrame 的每一行求均值.

df.pivot_table(index = 'A', values = ['B', 'C'], aggfunc = mean) | 创建数据透视表，根据"A"列的值进行分组，并计算每一组中"B"和"C"的均值.

2.3.14 离散化与哑变量编码

pd.cut(s, bins = [0, 5, 10], labels = ['A', 'B']) | 离散化和面元划分.

pd.qcut(s, 2, labels = ['A', 'B']) | 等频离散化.

pd.get_dummies(df, columns = ['A'], drop_first = True) | 对"A"列进行哑变量编码，并去掉第一个编码特征.

2.3.15 串联方法

通过调用多个 Pandas 方法将多个处理过程串联起来.

```
pd.merge(left, right, how = 'outer',
         indicator = True)
  .query('_merge = = "left_only"')
  .drop(['_merge'], axis = 1)
```

保留在 left 中但不在 right 中的行.

2.3.16 文本数据规整

s.str.method

矢量化字符串方法，可跳过缺失值，遇缺失值将不报错.

s.str.lower() | 将所有元素转换为小写.

s.str.upper() | 将所有元素转换为大写.

s.str.replace() | 替换值.

s.str.split(" ").str[0] | 空格分割，并取列表中的第一个元素.

s.str.split(" ").str.get(0) | 空格分割，并取列表中的第一个元素.

s.str.split(" ", expand = True) | 空格分割，并扩展为多列.

s.str.contains(r'\d') | 利用正则表达式判断是否元素包含数字.

s.str.extract(r'(\d.)', expand = False) | 利用正则表达式提取每个元素中的数字.

2.3.17 数据可视化

df.plot(kind = 'hist') | 设置 kind 参数绘制直方图.

df.plot.line() | 调用对象接口绘制折线图.

df.plot.scatter('x', 'y') | 绘制 *x-y* 散点图.

包括图形：面积图 df.plot.area；纵向柱状图 df.plot.bar；横向柱状图 df.plot.barh；盒图 df.plot.box；和核密度图 df.plot.kde；蜂巢图 df.plot.hexbin；饼图 df.plot.pie.

第四节 数 据 清 洗

代码中的数据变量为：

df | 一个 DataFrame 对象.

s | 一个 Series 对象.

dy | 一个 ndarray 对象.

x | 数据样本.

导入第三方库：

```
import pandas as pd    import numpy as np
import sklearn.svm as svm
import scipy.stats as stats
import statsmodels.api as sm
import sklearn.ensemble as ens
import sklearn.neighbors as neigh
import sklearn.preprocessing as prep
import sklearn.linear_model as lm
import imblearn.over_sampling as os
import imblearn.under_sampling as ius
from matplotlib import pyplot as plt
```

2.4.1 基本操作

np.median(dy) | 获取 dy 的中位数.

(dy/df).min()/max() | 获取 dy/df 的最值.

(dy/df).mean() | 获取 dy/df 的均值.

(dy/df).std() | 获取 dy/df 的标准差.

stats.mode(dy) | 获取 dy 的众数.

df['name'].map(str.upper/lower/title) | 把 df 的特征 name 的取值转换为大写/小写/首字母大写.

s.value_counts() | 统计 s 中各个取值的频数，默认忽略缺失值，通过参数 dropna 进行调节.

df.info() | 查看 df 的详细信息，包含是否含有空值、取值类型、占用空间等.

df.describe() | 查看 df 各个特征的统计信息，包含均值、方差、最值等，自动忽略离散型特征.

2.4.2 正态性检验

sm.qqplot(x) | 绘制分位数-分位数图.

stats.skewtest(x) | 进行偏度检验.

stats.kurtosistest(x) | 进行峰度检验.

stats.normaltest(x) | 进行正态性检验.

stats.kstest(x) | 进行 KS 检验.

stats.shapiro(x) | 进行 W 检验.

2.4.3 非正态性检验

np.log(x) | 进行自然对数变换.

np.log10(x) | 进行以 10 为底的对数变换.

stats.boxcox(x) | 进行 box-cox 变换.

2.4.4 数据去重

df.duplicated() | 返回一个布尔型对象，用来检测重复的行或列.

df.drop_duplicated() | 返回删除重复行或者列的 DataFrame 对象.

2.4.5 数据整合

pd.merge() | merge 函数通过一个或多个索引将数据集的行连接起来，键值可以为列标签或索引，类似于数据库的 JOIN 操作；该函数的主要应用场景是针对同一个主键存在两张包含不同特征的表，通过该主键的连接，将两张表进行合并.

pd.concat() | pandas 库以及它的 Series 和 DataFrame 等数据结构实现了带编号的轴, concat()函数可以沿着一条轴将多个对象堆叠到一起.

df.combine_first() | 调用该方法组合两个 DataFrame 对象，适用于索引全部或部分重叠的两个数据集，合并后的索引和列是两个对象的并集.

2.4.6 数据组合

df['person'].groupby(df['score']) | 对标签 score 分组，根据 sum()函数对特征 person 进行聚合，返回一个 groupby 对象.

df.agg(custom_func) | 使用自定义聚合函数 cus-tom_func 对 df 进行分组.

2.4.7 数据不均衡

os.SMOTE() | SMOTE 过采样.

os.ADASYN() | 基于自适应合成方法的过采样.

os.RandomOverSampler() | 随机过采样，通过随机添加少类样本达到数据平衡.

ius.RandomUnderSampler() | 随机欠采样，通过随机删除多类样本达到数据平衡.

ius.ClusterCentroids() | 基于聚类的欠采样方法.

2.4.8 缺失值表示

NA | R 语言中缺失值的表示方式.

NaN | Matlab 中缺失值的表示方式.

None | Python 语言中缺失值（空值）的表示方式，其类型为 object.

np.nan/np.NaN | NumPy 和 Pandas 中缺失值的表示方式，其类型为浮点（float）型.

2.4.9 缺失值处理

df.isnull() | 返回一个由布尔值组成的对象，判断哪些数据元素是缺失值，True 表示为缺失值.

df.notnull() | 返回一个由布尔值组成的对象，判断哪些数据元素不是缺失值，True 表示不是缺失值.

df.dropna() | 根据选定的轴标签 axis，删除含有缺失值的行或者列，可通过 how 参数调节删除数据的范围.

df.fillna() | 通过 method 属性(如 ffill 或 bfill)填充缺失数据；也可以通过 value 指定填充的值或者字典对象，如零值、均值、众数、中位数等.

2.4.10 异常值检测

neigh.LocalOutierFactor() | 使用局部异常因子算法进行异常值检测，给 x 的每一样本计算局部离群分数，要求 scikit-learn 版本在 0.19 以上.

svm.OneClassSVM() | 使用 one class SVM 算法进行异常值检测，其属于无监督，基于密度的异常值检测方法，只需输入数据样本 x 即可.

ens.IsolationForest() | 使用孤立森林算法进行异常值检测，当多棵决策树共同为特定样本产生较短的路径长度时，该样本极可能是异常值，要求 scikit-learn 版本在 0.19 以上.

x[abs(x-x.mean()) > 3*np.std(x)] | 使用拉依达准则检测 x 中的异常值.

plt.boxplot(x) | 通过绘制盒图对 x 进行可视化，检测异常值.

2.4.11 数据类型转换

df.dtypes() | 查看 df 各个特征的类型，常见类型有 object, int, float 和 bool 型.

df.get_dytpe_counts() | 统计 df 各个特征的类型数量.

df['age'].astype('float') | 把 df 的 age 特征的类型改为 float 型.

2.4.12 特征编码

prep.Binarizer(threshold = num) | 特征二值化编码，特征取值大于 num 编码为 1,

小于 num 取值为 0.

prep.OneHotEncoder() | One-hot 特征编码，输入变量必须是二维 ndarry 或者 DataFrame.

prep.LabelEncoder() | 对数据样本的标签特征进行数字编码，编码后的标签取值范围为[0, nclass–1].

prep.LabelBinarizer() | 对数据样本的标签特征进行二值化编码，编码后的标签取值为{0, 1}，默认正类标签为 1，负类标签为 0.

pd.get_dummies(x) | 使用 Pandas 模块对 x 进行 One-hot 特征编码.

2.4.13 特征标准化

prep.MinMaxScaler() | Min-Max 标准化.

prep.StandardScaler() | Z-score 标准化.

2.4.14 特征离散化

pd.cut(x, bins) | 对 x 进行离散化，子区间端点集合为数组 bins.

pd.cut(x, num) | 对 x 进行等距离散化，子区间个数为 num.

pd.qcut(x, 4) | 按照四分位数进行离散化.

第五节 StatsModels

StatsModels 是一个 Python 模块，为许多不同统计模型的估计提供类和函数，以及进行统计测试和统计数据探索.

2.5.1 线性回归-模型介绍

统计模型被假定为 $Y = X\beta + \mu$ 且 $\mu \sim N(0, \Sigma)$.

GLS | 任意协方差 Σ 的广义最小二乘法.

OLS | 普通最小二乘法，其中 $\Sigma = I$.

WLS | 加权最小二乘法.

GLSAR | 具有自相关 AR(ρ)误差的可行广义最小二乘法 $\Sigma = \Sigma(\rho)$，除了 RecursiveLS，GLS 是其他回归类的超类.

注: 所有回归模型都定义了相同的方法并遵循相同的结构, 并且可以以类似的方式使用.

2.5.2 线性回归-模型类

以下方法四个模型均可使用, 以 OLS 为例.

from statsmodels.regression.
linear_model.OLS import *
fit | 完全适合模型.
fit_regularized() | 将正则化拟合返回到线性回归模型.
from_formula() | 从公式和数据框中建模.
get_distribution() | 返回预测分布的随机数生成器.
hessian() | 给定点情况下评估 Hessian 函数.
information() | 模型的 Fisher 信息矩阵.
loglike() | 似然函数.
predict() | 从设计矩阵返回线性预测值.
score() | 给定点的情况下评估得分函数.
whiten(Y) | 返回 *Y* 值.

2.5.3 递归最小二乘(RLS)

递归最小二乘(RLS)为 OLS 的扩展.

from statsmodels.regression.
recursive_ls.RecursiveLS import *
initialize_statespace() | 初始化状态空间表示.
observed_information_matrix() | 观测信息矩阵.
opg_information_matrix() | 梯度信息矩阵的外积.
set_conserve_memory() | 设置内存保存.
set_filter_method() | 设置过滤方式.
set_inversion_method() | 设置反演方法.
set_smoother_output() | 设置更平滑输出.
set_stability_method() | 设置数值稳定性.

update() | 更新模型的参数.

ransform_params() | 将优化器使用的不受约束的参数转换为似然评价中的约束参数.

untransform_params() | 将似然评价中使用的约束参数转化为优化器使用的不受约束的参数.

2.5.4 线性回归-结果类(OLSResults)

拟合 OLS 模型的结果类(大多数方法和属性继承于 RegressionResults).

from statsmodels.regression.

linear_model.OLSResults import *

compare_f_test() | 使用 F 检验来测试受限模型是否正确.

compare_lm_test() | 使用拉格朗日乘数测试来测试受限模型是否正确.

compare_lr_test() | 似然比检验受限模型是否正确.

condition_number() | 返回外源矩阵的条件数.

conf_int() | 返回拟合参数的置信区间.

cov_params | 返回方差/协方差矩阵.

eigenvals() | 返回按降序排列的特征值.

get_prediction() | 计算预测结果.

remove_data() | 从结果和模型中移除所有 nobs 数据数组.

load() | 加载 pickle 格式(类方法).

save() | 保存这个实例 pickle.

summary() | 总结回归结果.

tvalues() | 返回给定参数估计的 t 统计量.

wald_test() | 联合线性假设的 Wald 检验.

2.5.5 统计-残差诊断和规范测试

from statsmodels.stats.stattools import *

durbin_watson() | 正态性 Durbin-Watson 检验.

jarque_bera() | 正态性 Jarque-Bera 检验.

omni_normtest() | 正态性 Omnibus 检验.

robust_skewness() | 计算 Kim&White 中的四个偏态度量.
robust_kurtosis() | 计算 Kim&White 中的四个峰度度量.

from statsmodels.stats.diagnostic import *
HetGoldfeldQuandt() | 测试 2 个子样本中方差是否相同.
het_white() | 异方差拉格朗日乘子检验.
het_arch() | 自回归条件异方差检验(ARCH).
breaks_cusumolsresid() | 基于 OLS 残差的参数稳定性检验.
recursive_olsresiduals() | 用残差与累积和检验统计量来计算递归 OLS.
compare_cox() | 检验非嵌套模型.
compare_j() | 用于比较非嵌套模型的 J-Test.
lilliefors() | Lilliefors 检验正态性.

2.5.6 统计-异常值和影响因子的措施

from statsmodels.stats.outliers_influence import *
OLSInfluence() | 计算 OLS 结果的异常值和度量.
variance_inflation_factor() | 计算方差膨胀因子 VIF.

2.5.7 统计-拟合优度检验及措施

from statsmodels.stats.gof import *
powerdiscrepancy() | 计算功率差异.
gof_chisquare_discrete() | 执行一个离散分布的随机样本的卡方检验.
gof_binning_discrete() | 获得用于离散分布的卡方 gof 检验.
normal_ad() | 正态分布未知均值和方差的 Anderson Darling 检验.

2.5.8 统计-多重测试和多重比较

from statsmodels.sandbox.stats.multicomp import *
multipletests() | 测试结果和 p 值校正.
GroupsStats() | 分组统计.
MultiComparison() | 多重测试比较.

TukeyHSDResults() | TukeyHSD 测试的结果.

pairwise_tukeyhsd() | 用 TukeyHSD 置信区间计算所有两两比较.

from statsmodels.stats.multitest import *

local_fdr() | 计算 Z-scores 的本地 FDR 值.

NullDistribution() | 估计空 Z-scores 高斯分布.

2.5.9 统计-比例

from statsmodels.stats.proportion import *

proportion_confint() | 二项式比例置信区间.

proportion_effectsize() | 比较两个比例的效应值.

binom_test() | 做一个成功概率是 P 的检验.

binom_tost() | 使用二项式分布对一个比例进行 TOST 检验.

multinomial_proportions_confint() | 多项比例的置信区间.

第三章 数学统计理论

概率论是一种研究随机现象发生规律的数学分支，在机器学习领域应用广泛.

统计学主要研究客观总体的数量特征，属于应用数学的分支，通常基于抽样样本的数量特征去推断预测总体的特征.

矩阵微分是实值函数微分的推广，包括标量对于向量的微分、标量对于矩阵的微分、向量对于向量的微分等方面的内容，经常用于数据科学算法的推导和证明.

线性代数是数学的一个分支，主要研究对象是向量、向量空间、线性变换、矩阵理论等.

概率图模型综合运用图论和概率论的知识，是一种使用图来描述变量之间条件独立关系的概率模型，应用领域广泛，如语音识别等.

凸优化是数学最优化的一个领域，研究的是最小化目标函数为凸函数的最优化问题，在数据科学领域中应用广泛.

第一节　概　　率

3.1.1　基本概念

随机试验 | 指满足以下条件的试验：给定条件不变，可重复进行；结果可穷举不唯一；无法事前确定试验结果.

样本空间 | 指随机试验 E 的所有可能结果的集合. E 的样本空间的子集称为随机事件，简称事件.

古典概型 | 指满足以下条件的随机试验:

√　随机试验的样本空间所包含的元素有限;

√　随机试验中事件发生的可能性一致.

频率 | 给定条件不变，在 n 次随机试验中，事件 A 发生的次数为 n_A. 那么，n_A 称为频数，$\frac{n_A}{n}$ 称为 A 发生的频率.

概率 | 当 $n\to\infty$时，事件 A 发生的频率会逐步稳定在某个数值附近，该数值称为事件 A 发生的概率，记为 $P(A)$.

概率 $P(A)$ 需要满足以下条件，给定样本空间 S:

$$P(A)\geqslant 0, P(S)=1$$

$$A\cap B=\varnothing, P(A+B)=P(A)+P(B)$$

概率具有以下性质:

√　$P(\varnothing)=0$.

√　给定任意事件 A, $P(A)\leqslant 1$.

√　给定任意事件 A，样本空间 S 以及 $A\cup\bar{A}=S$,

$$P(\bar{A})=1-P(A)$$

√　给定任意事件 A 和 B,

$$P(A\cup B)=P(A)+P(B)-P(AB)$$

条件概率 | 给定任意事件 A 和 B，$P(A)\neq 0$,

$$P(B\mid A)=\frac{P(AB)}{P(A)}$$

为事件 A 发生的情况下事件 B 发生的概率.

√ 事件 A 或者 B 单独发生的概率，称为边缘概率，即 $P(A)$ 或 $P(B)$.

√ 事件 A 和 B 同时发生的概率称为联合概率，记为 $P(AB)$.

划分 | 给定 $\{C_1,C_2,\cdots,C_n\}$ 为随机试验 E 的样本空间 S 中的一系列事件，如果这些事件满足

$$C_iC_j=\varnothing,\ i\neq j$$

$$C_1\cup C_2\cup\cdots\cup C_n=S$$

那么，$\{C_1,C_2,\cdots,C_n\}$ 称为 S 的一个划分. 如果 A 为 E 中的一个事件，$P(C_i)>0$，则有

$$\begin{aligned}P(A)&=\sum_{i=1}^{n}P(AC_i)\\&=P(A|C_1)P(C_1)+\cdots+P(A|C_n)P(C_n)\end{aligned}$$

以上的等式称为全概率公式.

如果 $P(A)>0$，$P(C_i)>0$ 同时成立，则有

$$P(C_i|A)=\frac{P(A|C_i)P(C_i)}{P(A)}=\frac{P(A|C_i)P(C_i)}{\sum_{i=1}^{n}P(AC_i)}$$

这样的等式称为贝叶斯公式.

独立 | 给定任意事件 A 和 B，二者如果满足

$$P(AB)=P(A)P(B)$$

那么，事件 A 和 B 相互独立.

条件独立 | 给定事件 A,B,C，如果在事件 C 发生的条件下，事件 A 发生与否和事件 B 发生与否没有关系，即

$$P(AB|C)=P(A|C)P(B|C)$$

那么，事件 A 和 B 在 C 下条件独立.

3.1.2 随机变量、概率分布

随机变量 | 给定 f 是样本空间 S 上的实值函数，随机变量是建立在空间 S 中的事件发生结果与实数的一种映射. 比如，进行三次投掷硬币试验，X 表示硬币正面朝上的次数，事件 E 为“两次正面朝上”，它们的关系表示为

$$X=f(E)=2,\ E=\{\text{HHT},\text{THH},\text{HTH}\}$$

X 称为随机变量. 因此，硬币两次正面朝上的概率为

$$P(X=2)=P(\{\mathrm{HHT,THH,HTH}\})=\frac{3}{2^3}=\frac{3}{8}$$

如果 X 的取值为有限个或者可列，那么 X 称为离散型随机变量.

概率分布 | 给定离散随机变量 X,

$$P(X=x_k)=p_k,\ k\geqslant 1$$

为 X 的概率分布，也称为分布律；$\{p_k\}$ 为分布列.

√　函数 $f:\{x_k\}\to\{p_k\}$ 为概率质量函数，即 $f(x_k)=p_k$.

离散型随机变量的常见分布如下.

二项分布 | 随机变量 X（$X\in\{0,1,\cdots,n\}$）表示 n 次伯努利试验中某事件发生的次数，分布律表示为

$$P(X=k)=\frac{n!}{(n-k)!k!}\theta^k(1-\theta)^{(n-k)}$$

当 $n=1$ 时，二项分布也称为 0-1 分布.

泊松分布 | 随机变量 $X\in\{0,1,2,\cdots\}$，给定参数 λ，分布律表示为

$$P(X=k)=\frac{\mathrm{e}^{-\lambda}}{k!}\lambda^k$$

分布函数 | 对于非离散型随机变量 X 来说，有意义的是 X 取值落在某个区间的概率．给定 $x\in(-\infty,\infty)$,

$$F(x)=P(X\leqslant x)$$

称为 X 的分布函数．因此，$\forall x_1,x_2,\ x_1<x_2$,

$$F(x_2)-F(x_1)=P(X\leqslant x_2)-P(X\leqslant x_1)=P(x\in(x_1,x_2])$$

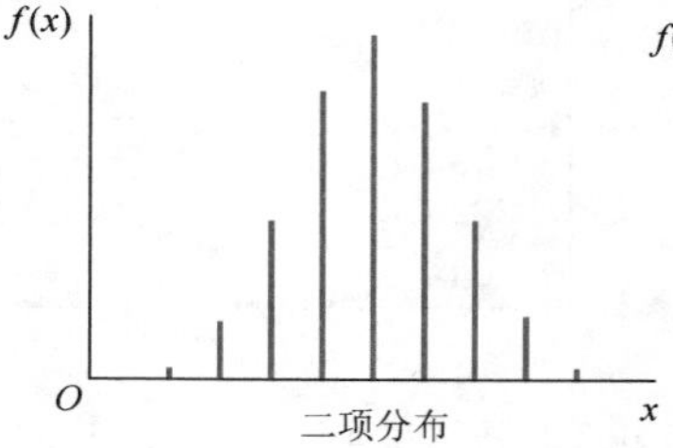

二项分布

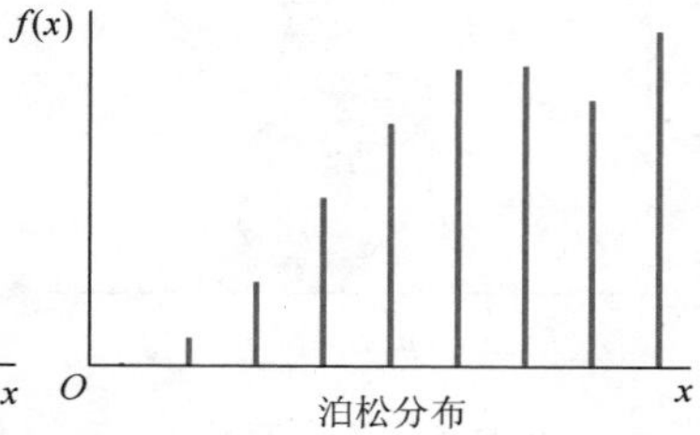

泊松分布

概率密度 | 给定随机变量 X 及其分布函数 $F(x)$，如果对于 $\forall x, f(x)\geqslant 0$，满足

$$F(x)=\int_{-\infty}^{x}f(x)\mathrm{d}x$$

X 为连续型随机变量，$f(x)$ 是概率密度函数，简称为概率密度，具有以下性质:

$$f(x) \geqslant 0, \int_{-\infty}^{\infty} f(x)\mathrm{d}x = 1$$

连续型随机变量的常见分布如下.

均匀分布 | 给定连续型随机变量 X, 概率密度表示为

$$f(x)=\begin{cases}\dfrac{1}{n-m}, & x\in(m,n)\\ 0, & 其他\end{cases}$$

X 在取值区间 (m,n) 上服从均匀分布, 记为 $X\sim u(m,n)$.

正态分布 | 给定一维连续型随机变量 X, 概率密度为

$$f(x)=\frac{1}{\sqrt{2\pi\sigma^2}}\mathrm{e}^{-\frac{(x-\mu)^2}{2\sigma^2}}$$

X 服从正态分布, 记为 $X\sim N(\mu,\sigma^2)$.

指数分布 | 给定一维连续型随机变量 X, 概率密度为

$$f(x)=\begin{cases}\dfrac{1}{\theta}\mathrm{e}^{-\frac{x}{\theta}}, & x>0\\ 0, & 其他\end{cases}$$

X 服从参数为 θ 的指数分布.

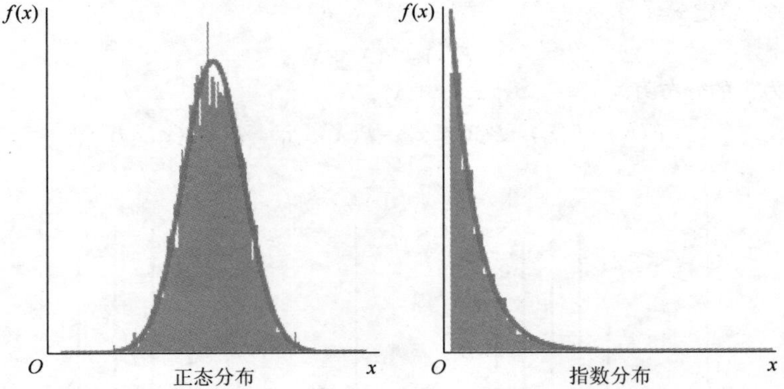

多维正态分布 | 给定随机变量 $X\in\mathbb{R}^d$, 概率密度表示为

$$f(x\mid\mu,\Sigma)=(2\pi)^{-\frac{d}{2}}\,|\Sigma|^{-\frac{1}{2}}\,\mathrm{e}^{-\frac{1}{2}(x-\mu)^{\mathrm{T}}\Sigma^{-1}(x-\mu)}$$

其中, μ 为均值向量, Σ 为协方差矩阵. 随机变量 X 服从多维正态分布. 若 $\{x_i\}\sim N(\mu,\Sigma)$, 分布参数可由以下等式得到

$$\hat{\mu} = \frac{1}{n}\sum_{i=1}^{n} x_i,\ \hat{\Sigma} = \frac{1}{n}(x-\hat{\mu})(x-\hat{\mu})^{\mathrm{T}}$$

其密度函数还具有一种表达形式, 称为 information form. 约定 $\eta = \Sigma^{-1}\mu, \Lambda = \Sigma^{-1}$, 有

$$f(x \mid \eta, \Lambda) = (2\pi)^{-\frac{d}{2}} \mid \Lambda \mid^{\frac{1}{2}} \exp\left\{-\frac{1}{2}(x^{\mathrm{T}}\Lambda x + \eta^{\mathrm{T}}\Lambda^{-1}\eta - 2x^{\mathrm{T}}\eta)\right\}$$

3.1.3 概率分布推断

给定含有 n 个样本的数据集 $D = \{x_1, \cdots, x_n\}$, $p(x \mid \theta)$ 为样本的概率分布如下.

独立同分布 | 给定概率分布参数 θ, D 的观测样本之间服从统一分布, 且互相独立, 有

$$p(D \mid \theta) = p(x_1, \cdots, x_n \mid \theta) = \prod_{i=1}^{n} p(x_i \mid \theta)$$

似然函数 | 关于模型(分布)参数的函数, 即在给定分布参数的条件下, 数据集 D 出现的概率.

$$L(\theta; D) = f(D \mid \theta)$$

先验概率 | 与观测数据无关, 参数 θ 的概率分布 $f(\theta)$.

后验概率 | 在观测数据集 D 的条件下参数 θ 的概率, 记为 $f(\theta \mid D)$. 根据贝叶斯公式, 给出三者之间的关系:

$$\underbrace{p(\theta \mid D)}_{\text{后验概率}} = \frac{1}{\underbrace{p(D)}_{\text{观测证据}}} \overbrace{p(D \mid \theta)}^{\text{似然函数}} \overbrace{p(\theta)}^{\text{先验概率}}$$

最大化后验概率 | 寻找使 D 出现的可能性最大化的参数 θ:

$$\theta_{\mathrm{MAP}} = \arg\max_{\theta} p(\theta \mid D)$$

极大似然 | 最大化似然函数, 则有

$$\theta_{\mathrm{ML}} = \arg\max_{\theta} p(D \mid \theta)$$

若 $p(\theta)$ 为均匀分布, 最大化后验概率等价于极大似然.

KL 散度 | 也称为相对熵, 用来衡量两个概率分布的差异性. 给定分布 $p(D)$ 和 $q(D)$

$$\mathrm{KL}(p \mid q) = \mathbb{E}_p(\log p - \log q) = \sum_{i=1}^{n} p_i \log \frac{p_i}{q_i}$$

第二节　统　计

3.2.1　基本概念

总体 | 根据一定的需求所研究的事物的全体. 总体分布的数量特征为总体参数, 也是统计推断的对象. 总体中的个体称为总体单位.

样本 | 指的是总体的部分单位组成的子集. 子集中的单位数量称为样本容量.

样本统计量 | 有关样本的函数, 属于随机变量, 而总体参数通常为常数. 通常来说, 通过研究分析样本来推断总体的特征.

统计指标 | 反映总体的数量特征的度量方式.

抽样调查 | 属于非全面调查, 随机从调查对象中选择部分单位作为样本, 并从样本中获取对象的总体特征.

统计分组 | 根据调查对象的特征及研究的需求, 将总体划分为不同的组. 各组之间性质相异.

频数分布 | 根据统计分组, 将调查总体按照某一特征(性质)归类排列. 各个分组在总体中出现的次数称为频数.

与频数分布相关的统计指标有:

√　频数密度, 各组频数与组距的比值;

√　频率, 各组频数与总体单位之和的比值;

√　频率密度, 各组频率与组距的比值.

弱大数定律 | 给定长度为 n 的独立同分布随机变量序列 $\{x_1, x_2, \cdots, x_n\}$, 已知均值为 μ, 方差为 σ^2, 有 $\forall \epsilon > 0$,

$$\lim_{n\to\infty} p\left\{\left|\frac{1}{n}\sum_{i=1}^{n} x_i - \mu\right| < \epsilon\right\} = 1$$

中心极限定理 | 给定长度为 n 的独立同分布随机变量序列 $\{x_1, x_2, \cdots, x_n\}$. 已知均值 $\mathbb{E}(x) = \mu$, 方差 $\mathrm{var}(x) = \sigma^2$, 若 $n \to \infty$,

$$\frac{1}{n}\sum_{i=1}^{n} x_i \sim N\left(\mu, \frac{\sigma^2}{n}\right)$$

3.2.2 描述性统计

√ 下列统计指标反映统计分布的集中趋势，给定 $x=\{x_1,x_2,\cdots,x_n\}$.

算术平均数 | $\overline{x}=\mathbb{E}(x)=\left(\sum_{i=1}^{n}x_i\right)\Big/n$.

加权平均数 | 给定 f_i 为单位 x_i 出现的频率，$\overline{x}=\sum_{i=1}^{n}f_ix_i$.

调和平均数 | $\overline{x}=n\Big/\sum_{i=1}^{n}\frac{1}{x_i}$.

几何平均数 | $\overline{x}=\left(\prod_{i=1}^{n}x_i\right)^{\frac{1}{n}}$.

幂平均数 | 给定 k 为幂的阶数，$\overline{x}=\left(\frac{\sum_{i=1}^{n}x_i^k}{n}\right)^{\frac{1}{k}}$.

众数 | 总体分布中出现频率最高的值.

中位数 | 将总体的各单位按照特征的取值排列，处于中间位置的值，即

$$\text{median}=\begin{cases}\dfrac{x_{\frac{n}{2}}+x_{\frac{n}{2}+1}}{2}, & n\text{为偶数}\\ x_{\frac{n+1}{2}}, & n\text{为奇数}\end{cases}$$

√ 下列统计指标反映统计分布的离中趋势，给定 $\{x_1,x_2,\cdots,x_n\}$.

极差 | 使用极值反映取值的变动范围，$r=x_{\max}-x_{\min}$.

方差 | 表示变量与平均数之间的离散程度，

$$\text{var}(x)=\mathbb{E}[(x-\overline{x})^2]=\mathbb{E}(x^2)-(\mathbb{E}(x))^2=\left(\sum_{i=1}^{n}(x_i-\overline{x})^2\right)\Big/n$$

标准差 | 方差的平方根，$\sigma=\sqrt{\left(\sum_{i=1}^{n}(x_i-\overline{x})^2\right)\Big/n}$.

标准差系数 | 标准差与平均数的比值，$v=\sigma/\overline{x}$.

k 阶原点距 | $\mathbb{E}(x^k),k=1,2,\cdots$

k 阶中心距 | $\mathbb{E}[(x-\mathbb{E}(x))^k],k=1,2,\cdots$

√ 下列统计指标反映统计分布的不对称度和陡峭度.

偏度 | 表征分布对称性的统计量，为三阶标准中心距，

$$\mathrm{skew}(x)=\mathbb{E}\left[\left(\frac{x-\mathbb{E}(x)}{\sigma}\right)^3\right]$$

偏度为负，密度函数左偏，长尾在左侧；偏度为正，密度函数右偏，长尾在右侧.

峰度 | 表征分布陡峭的统计量，为四阶标准中心距，

$$\mathrm{kurt}(x)=\mathbb{E}\left[\left(\frac{x-\mathbb{E}(x)}{\sigma}\right)^4\right]$$

峰度为零，密度函数与正态分布一致；峰度为正，密度函数比正态分布陡峭.

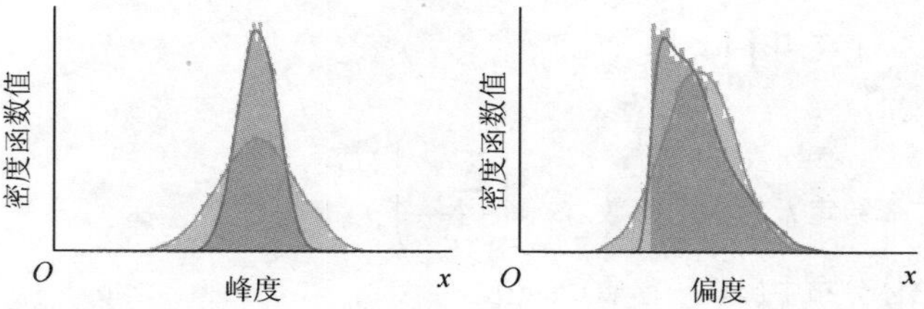

3.2.3 参数估计

抽样方法 | 分为重复抽样和不重复抽样. 判断的标准是从总体取出的样本是否放回. 与总体分布相对应的是抽样分布.

点估计 | 使用样本统计量作为相应的总体参数的估计，使用样本均值、样本方差来估计总体的均值和方差.

无偏性 | 给定总体参数 θ，估计量 $\hat{\theta}$，满足 $\mathbb{E}(\hat{\theta})=\theta$. 样本均值是总体均值 μ 的无偏估计.

√ $\left(\sum_{i=1}^{n}(x_i-\overline{x})^2\right)\Big/n$ 是总体方差 σ^2 的有偏估计.

√ 由于 $\sum_{i=1}^{n}x_i=n\mu$，$\mathrm{var}(\overline{x})=\sigma^2/n$，$\sigma^2$ 的无偏估计量 $\hat{\sigma}^2$ 为

$$\hat{\sigma}^2=\frac{1}{n-1}\sum_{i=1}^{n}(x_i-\overline{x})^2$$

$$\mathbb{E}[\hat{\sigma}^2]=\frac{1}{n-1}\mathbb{E}\left[\sum((x_i-\mu)^2+(\overline{x}-\mu)^2-2(x_i-\mu)(\overline{x}-\mu))\right]$$

$$\begin{aligned}&=\frac{1}{n-1}\left(\sum\mathbb{E}[(x_i-\mu)^2]+\sum\mathbb{E}[(\overline{x}-\mu)^2]\right)\\&=\frac{1}{n-1}\left(n\sigma^2-n\frac{\sigma^2}{n}\right)\\&=\sigma^2\end{aligned}$$

给定数据集 x，训练模型 f，测试集预测结果为 $\hat{y}=f(x)$，那么

√ 模型均方误差(mean square error, MSE)，$\mathrm{mse}(x)=\mathbb{E}[(y-\hat{y})^2]$.

√ 方差 $\mathrm{var}(\hat{y})=\mathbb{E}[(\hat{y}-\mathbb{E}(\hat{y}))^2]$.

√ 偏差 $\mathrm{bias}=\mathbb{E}(\hat{y})-y$.

variance-bias tradeoff 可以表示为

$$\begin{aligned}\mathrm{mse}(x)&=\mathbb{E}[(y-\hat{y})^2]=\mathbb{E}(y^2)+\mathbb{E}(\hat{y}^2)-2y\mathbb{E}(\hat{y})\\&=\underline{\mathrm{var}(y)+(\mathbb{E}(y))^2}+\underline{\mathrm{var}(\hat{y})+(\mathbb{E}(\hat{y}))^2}-2y\mathbb{E}(\hat{y})\\&=\underbrace{\mathrm{var}(\hat{y})}_{\text{variance}}+\mathrm{var}(y)+\underbrace{(y-\mathbb{E}(\hat{y}))^2}_{\text{bias}^2}\end{aligned}$$

区间估计 | 与点估计给出估计值不同，区间估计尝试估计总体参数的取值范围，并给出该取值范围成立的概率:

$$p(\Phi_1\leqslant x\leqslant\Phi_2)=1-\alpha$$

其中，α 为显著性水平，$1-\alpha$ 为置信度水平.

举例: 给定随机变量序列 x^k，给出平均数 $\overline{x}$ 的估计区间. 假定 $\overline{x}\sim N(\mu,\sigma^2)$，根据显著性水平 α，通过标准正态分布表，得到临界统计量的取值 $z_{\alpha/2}$，

$$p\left(-z_{\alpha/2}\leqslant\frac{\overline{x}-\mu}{\sigma}\leqslant z_{\alpha/2}\right)=1-\alpha$$

$$p(\overline{x}-\sigma z_{\alpha/2}\leqslant\mu\leqslant\overline{x}+\sigma z_{\alpha/2})=1-\alpha$$

显著性水平 α 的条件下，估计区间为 $[\overline{x}-\sigma z_{\alpha/2},\overline{x}+\sigma z_{\alpha/2}]$.

反之，已知 $|\overline{x}-\mu|<\varDelta$，那么

$$p(|\overline{x}-\mu|<\varDelta)=p\left(\left|\frac{\overline{x}-\mu}{\sigma}\right|<\frac{\varDelta}{\sigma}\right)=p\left(|z|<\frac{\varDelta}{\sigma}\right)$$

于是，临界值 $z_{\alpha/2}=\varDelta/\sigma$，查询标准正态分布表，可以确定显著性水平 α.

已知 $\varDelta=z\sigma_{\overline{x}}$，通过提高样本容量来降低平均数的误差. 给定总体方差，以重复抽样的方式获取样本，确定样本容量，则有

$$\varDelta=z_{\alpha/2}\frac{\sigma}{\sqrt{n}},\ n=\frac{\sigma^2}{\varDelta^2}z_{\alpha/2}^2$$

3.2.4 假设检验

假设 | 以抽样样本为依据去推断是否正确的命题.

假设检验 | 首先针对要估计的总体分布参数进行假设, 然后根据抽样的样本及小概率事件原理, 来对假设正确与否作出判断.

√ 小概率事件原理通常指小概率事件实际上在一次随机试验中不可能发生. 小概率通常由显著性水平 α 确定, 因此假设检验可以称为显著性检验.

√ 假设检验中, 需要被检验的假设称为零假设, 记为 H_0; 零假设的对立假设, 称为备择假设, 记为 H_1. 检验假设使用的统计量称为检验统计量; 使原假设成立的样本所在的区域, 称为接受域, 反之, 则称为拒绝域. 假设检验的一般步骤如下.

(1) 根据题目要求给出零假设 H_0 和备择假设 H_1.

(2) 假定 H_0 成立, 选择恰当的检验统计量.

(3) 给定显著性水平 α, 根据检验统计量的分布、H_1 及抽样样本, 计算小概率事件发生的概率.

(4) 判定小概率事件是否发生: 如果发生, 拒绝 H_0, 接受 H_1; 反之, H_0 成立.

举例: 给定 $x \sim N(\mu,\sigma^2)$, 一组样本 $\{x^1,x^2,\cdots,x^n\}$, 均值为 $\overline{x}$, σ^2 已知, 基于样本进行关于 μ 的假设检验.

√ 零假设 $H_0:\mu=\mu_0$, 备择假设 $H_1:\mu\neq\mu_0$.

√ 检验统计量 $\varPhi=\dfrac{\overline{x}-\mu_0}{(\sigma/\sqrt{n})}$ 服从正态分布 $N(0,1)$.

√ 计算小概率事件的概率 $p(|\varPhi|>\phi_{\alpha/2})=\alpha$.

√ 计算 $\overline{x}$ 和 $\varPhi$, 查表获取 $\phi_{\alpha/2}$.

√ 如果 $|\varPhi|>\phi_{\alpha/2}$, 小概率事件发生, 拒绝 H_0, 接受 H_1; 如果 $|\varPhi|<\phi_{\alpha/2}$, 小概率事件没有发生, 接受 H_0.

单侧检验 | 上述的假设检验问题可以拆分为

$$H_0:\mu\leqslant\mu_0,\ H_1:\mu>\mu_0\quad \mu>\mu_0\text{左侧检验}$$

$$H_0:\mu\geqslant\mu_0,\ H_1:\mu<\mu_0\quad \mu<\mu_0\text{右侧检验}$$

两种类型的错误 | 样本数据决定假设检验的结果, 样本抽取的随机性会导致以下错误:

分类	接受 H_0	拒绝 H_0
H_0 成立	正确	第一类错误
H_0 不成立	第二类错误	正确

第一类错误，零假设 H_0 成立，但检验结果拒绝 H_0，也称为弃真错误；第二类错误，零假设 H_0 不成立，检验结果接受 H_0，也称为取伪错误.

第三节　矩阵微分

3.3.1　基本概念

标量｜只有大小，没有方向，可用实数表示的量.

实值函数｜函数 $y=f(x), y\in\mathbb{R}, x\in\mathbb{C}$.

梯度｜根据自变量和因变量的不同可以分为以下几种.

√　自变量为实向量的标量函数关于向量的梯度.

$$f\in\mathbb{R}, \nabla_x f=\left[\frac{\partial f}{\partial x_1},\cdots,\frac{\partial f}{\partial x_n}\right]^{\mathrm{T}}=\frac{\partial f}{\partial x}$$

√　自变量为实向量的向量函数关于向量的梯度.

$$f\in\mathbb{R}^{1\times n},\ \nabla_x f=\begin{bmatrix}\frac{\partial f_1}{\partial x_1} & \frac{\partial f_2}{\partial x_1} & \cdots & \frac{\partial f_m}{\partial x_1}\\ \frac{\partial f_1}{\partial x_2} & \frac{\partial f_2}{\partial x_2} & \cdots & \frac{\partial f_m}{\partial x_2}\\ \vdots & \vdots & & \vdots\\ \frac{\partial f_1}{\partial x_n} & \frac{\partial f_2}{\partial x_n} & \cdots & \frac{\partial f_m}{\partial x_n}\end{bmatrix}=\frac{\partial f}{\partial x}$$

√　自变量为矩阵的标量函数关于矩阵的梯度.

$$f\in\mathbb{R},\ \nabla_X f=\begin{bmatrix}\frac{\partial f}{\partial x_{11}} & \frac{\partial f}{\partial x_{12}} & \cdots & \frac{\partial f}{\partial x_{1n}}\\ \frac{\partial f}{\partial x_{21}} & \frac{\partial f}{\partial x_{22}} & \cdots & \frac{\partial f}{\partial x_{2n}}\\ \vdots & \vdots & & \vdots\\ \frac{\partial f}{\partial x_{m1}} & \frac{\partial f}{\partial x_{m2}} & \cdots & \frac{\partial f}{\partial x_{mn}}\end{bmatrix}=\frac{\partial f}{\partial X}$$

Jacobian 矩阵 | 若函数 $f(x):\mathbb{R}^n \to \mathbb{R}^m$，有

$$x=[x_1,x_2,\cdots,x_n]^{\mathrm{T}},\ f(x)=\begin{bmatrix} f1(x_1,\cdots,x_n) \\ \vdots \\ f_m(x_1,\cdots,x_n) \end{bmatrix}$$

其 Jacobian 矩阵 $J(x)$ 可以写为

$$f\in\mathbb{R}^{m\times 1},\ J(x)=\begin{bmatrix} \frac{\partial f_1}{\partial x_1} & \frac{\partial f_1}{\partial x_2} & \cdots & \frac{\partial f_1}{\partial x_n} \\ \frac{\partial f_2}{\partial x_1} & \frac{\partial f_2}{\partial x_2} & \cdots & \frac{\partial f_2}{\partial x_n} \\ \vdots & \vdots & & \vdots \\ \frac{\partial f_m}{\partial x_1} & \frac{\partial f_m}{\partial x_2} & \cdots & \frac{\partial f_m}{\partial x_n} \end{bmatrix}=\nabla_x^{\mathrm{T}} f$$

√ Jacobian 矩阵表现了向量函数的最佳线性逼近.

Hessian 矩阵 | 若 $f:\mathbb{R}^n \to \mathbb{R}$ 为二次可导函数，$x=[x_1,\cdots,x_n]^{\mathrm{T}}$，$f$ 的 Hessian 矩阵为

$$H(x)=\begin{bmatrix} \frac{\partial^2 f}{\partial x_1 \partial x_1} & \frac{\partial^2 f}{\partial x_1 \partial x_2} & \cdots & \frac{\partial^2 f}{\partial x_1 \partial x_n} \\ \frac{\partial^2 f}{\partial x_2 \partial x_1} & \frac{\partial^2 f}{\partial x_2 \partial x_2} & \cdots & \frac{\partial^2 f}{\partial x_2 \partial x_n} \\ \vdots & \vdots & & \vdots \\ \frac{\partial^2 f}{\partial x_n \partial x_1} & \frac{\partial^2 f}{\partial x_n \partial x_2} & \cdots & \frac{\partial^2 f}{\partial x_n \partial x_n} \end{bmatrix}=\nabla_x^{\mathrm{T}} f$$

√ Hessian 矩阵使用函数的二阶信息, 常用于 Newton 法解决大规模的优化问题.

3.3.2 实值函数有关向量的梯度

函数 f 关于行向量 x^{T} 的梯度为

$$\frac{\partial f}{\partial x^{\mathrm{T}}}=\left[\frac{\partial f}{\partial x_1},\cdots,\frac{\partial f}{\partial x_n}\right]=\nabla_{x^{\mathrm{T}}} f(x)$$

√ 若 f 为常数, 那么对应的梯度为 0.

√ 如果 A 和 y 与 x 无关, 那么

$$\frac{\partial x^{\mathrm{T}} A y}{\partial x}=\frac{\partial x^{\mathrm{T}}}{\partial x} A y=A y$$

加法法则 | 若 $f(x),g(x)$ 均为 x 的实值函数,

$$\frac{\partial[pf(x)+qg(x)]}{\partial x}=p\frac{\partial f(x)}{\partial x}+q\frac{\partial g(x)}{\partial x}$$

乘法法则 | 若 $f(x),g(x)$ 均为 x 的实值函数,

$$\frac{\partial f(x)g(x)}{\partial x}=f(x)\frac{\partial g(x)}{\partial x}+g(x)\frac{\partial f(x)}{\partial x}$$

除法法则 | 若 $f(x)$ 为向量 x 的向量值函数,

$$\frac{\partial(f(x)/g(x))}{\partial x}=\frac{1}{\partial g^{2}(x)}\left[g(x)\frac{\partial f(x)}{\partial x}-f(x)\frac{\partial g(x)}{\partial x}\right]$$

链式法则 | 若 $g(x)$ 为 x 的向量值函数,

$$\frac{\partial g(f(x))}{\partial x}=\frac{\partial f^{\mathrm{T}}(x)}{\partial x}\frac{\partial g(f)}{\partial f}$$

常见类型的实值函数的梯度为

$$\nabla(x^{\mathrm{T}}x)=\frac{\partial x^{\mathrm{T}}x}{\partial x}=2x^{\mathrm{T}}$$

$$\nabla(a^{\mathrm{T}}x)=\frac{\partial a^{\mathrm{T}}x}{\partial x}=a,\ \nabla(x^{\mathrm{T}}A)=\frac{\partial x^{\mathrm{T}}A}{\partial x}=A$$

$$\nabla(x^{\mathrm{T}}Ax)=\frac{\partial x^{\mathrm{T}}Ax}{\partial x}=(A+A^{\mathrm{T}})x$$

3.3.3　矩阵迹、行列式的梯度矩阵

矩阵迹的性质 | 二次型函数的迹与它本身相等.

$$f(x)=x^{\mathrm{T}}Ax=\mathrm{Tr}(x^{\mathrm{T}}Ax)=\mathrm{Tr}(xx^{\mathrm{T}}A)$$

√　有关矩阵的迹, 常见的梯度计算公式:

$$\nabla(\mathrm{Tr}(X))=\frac{\partial \mathrm{Tr}(X)}{\partial X}=I$$

$$\nabla(\mathrm{Tr}(X^{-1}))=\frac{\partial \mathrm{Tr}(X^{-1})}{\partial X}=-(X^{-1})^{\mathrm{T}}$$

$$\nabla(\mathrm{Tr}(X^{\mathrm{T}}X))=\frac{\partial \mathrm{Tr}(X^{\mathrm{T}}X)}{\partial X}=(2X^{\mathrm{T}})^{\mathrm{T}}=2X$$

$$\nabla(\mathrm{Tr}(XA)) = \frac{\partial \mathrm{Tr}(XA)}{\partial X} = \frac{\partial \mathrm{Tr}(AX)}{\partial X} = A^{\mathrm{T}}$$

√ 有关矩阵的行列式，常见的梯度计算公式:

$$\nabla(\det(X)) = \frac{\partial \det(X)}{\partial X} = \det(X)(X^{-1})^{\mathrm{T}}$$

$$\nabla(\det(X^{-1})) = \frac{\partial \mathrm{Tr}(X^{-1})}{\partial X} = -(\det(X))^{-1}(X^{-1})^{\mathrm{T}}$$

$$\nabla(\det(XX^{\mathrm{T}})) = \frac{\partial \det(XX^{\mathrm{T}})}{\partial X} = 2\det(XX^{\mathrm{T}})(XX^{\mathrm{T}})^{-1}X$$

$$\nabla(\det(\log X)) = \frac{1}{\det(X)}\frac{\partial \det(X)}{\partial X} = 2X^{-1} - \mathrm{diag}(X^{-1})$$

3.3.4 实值函数的梯度矩阵

√ 若 $X \in \mathbb{R}^{m\times n}$，$f(X) = c$，$\nabla_X f(X) = \mathbf{0}_{m\times n}$

加法法则 | 若 $f(X), g(X)$ 均为矩阵 X 的实值函数,

$$\frac{\partial[pf(X) + qg(X)]}{\partial X} = p\frac{\partial f(X)}{\partial X} + q\frac{\partial g(X)}{\partial X}$$

乘法法则 | 若 $f(X), g(X)$ 均为矩阵 X 的实值函数,

$$\frac{\partial f(X)g(X)}{\partial X} = f(X)\frac{\partial g(X)}{\partial X} + g(X)\frac{\partial f(X)}{\partial X}$$

除法法则 | 若 $f(X), g(X)$ 为 X 的函数，$g(X) \neq 0$,

$$\frac{\partial f(X)/g(X)}{\partial X} = \frac{1}{g^2(X)}\left[g(X)\frac{\partial f(X)}{\partial X} - f(X)\frac{\partial g(X)}{\partial X}\right]$$

链式法则 | 若 $g(X)$ 是自变量为矩阵 X 的实值函数，$f(y)$ 是自变量为标量 y 的实值函数,

$$\frac{\partial f(g(X))}{\partial X} = \frac{\partial f(y)}{\partial y}\frac{\partial g(X)}{\partial X}$$

常见类型的实值函数的梯度矩阵计算公式:

$$\nabla_X(a^{\mathrm{T}}Xy) = \frac{\partial a^{\mathrm{T}}Xy}{\partial X} = ay^{\mathrm{T}}$$

$$\nabla_X(a^{\mathrm{T}}XX^{\mathrm{T}}y) = \frac{\partial a^{\mathrm{T}}XX^{\mathrm{T}}y}{\partial X} = (ay^{\mathrm{T}} + ya^{\mathrm{T}})X$$

$$\nabla_X(e^{a^T Xy}) = \frac{\partial e^{a^T Xy}}{\partial X} = ay^T e^{a^T Xy}$$

3.3.5 标量函数的微分

√ 标量函数 $f(x)$ 的导数 $f'(x)$ 定义为

$$f'(x) = \lim_{\Delta x \to 0} \frac{f(x+\Delta x) - f(x)}{\Delta x}$$

即 $f(x+\Delta x) = f(x) + \Delta x f'(x) + R$, $\lim_{\Delta x \to 0} \frac{R}{\Delta x} = 0$.

上式称为泰勒公式的一阶展开式.

√ $f(x)$ 在 x 点的一阶微分为 $\mathrm{d}f(x) = \Delta x f'(x)$.

3.3.6 矩阵的微分

矩阵微分 | 实函数微分对矩阵函数的推广情况.

如果 $x, \Delta x$ 为 $n \times 1$ 的向量, $\exists A(x) \in \mathbb{R}^{m \times n}$, 使得

$$f(x+\Delta x) = f(x) + A(x)\Delta x + R$$

其中 $\lim_{\Delta x \to 0} \frac{R}{\|\Delta x\|_2} = 0$, 那么函数 $f(X)$ 在向量 x 处的一阶微分向量为

$$\mathrm{d}f(x) = A(x)\Delta x$$

$A(x)$ 称为向量函数 $f(x)$ 的一阶导数矩阵; 如果向量函数 $f(x)$ 在 c 处可微, $u \in \mathbb{R}^{n \times 1}$,

$$\mathrm{d}f(c) = [D(f(x))]u,\ D(f(x)) \in \mathbb{R}^{m \times n}$$

D_{ij} 表示 $f(x)$ 第 i 个元素关于 c 的第 j 个元素的偏导; $D(f(x))$ 实质是 $f(x)$ 在 c 处的 Jacobian 矩阵.

梯度矩阵 | $f(x)$ 在 c 处的梯度矩阵为 $(D(f(x)))^T$.

求解 $m \times 1$ 的向量函数 $f(c)$ 的梯度矩阵 $\nabla f(X)$:

√ 求解向量函数微分 $\mathrm{d}f(c)$, 获得 Jacobian 矩阵;

√ 将 Jacobian 矩阵转置, 得到梯度矩阵 $\nabla f(c)$.

常数矩阵微分 | $\mathrm{d}C = 0$.

常数与矩阵的乘积 | $\mathrm{d}cX = c\mathrm{d}X$.

矩阵加和的微分 | $\mathrm{d}(X+Y) = \mathrm{d}X + \mathrm{d}Y$.

矩阵乘积的微分 | $\mathrm{d}(XY) = (\mathrm{d}X)Y + X(\mathrm{d}Y)$.

常用的矩阵微分计算公式:

$$\mathrm{d}(X^{\mathrm{T}}) = (\mathrm{d}X)^{\mathrm{T}}$$

$$\mathrm{d}(\mathrm{Tr}(X)) = \mathrm{Tr}(\mathrm{d}X)$$

$$\mathrm{d}(X^{-1}) = -X^{-1}(\mathrm{d}X)X^{-1}$$

$$\mathrm{d}(\ln(X)) = X^{-1}\mathrm{d}X$$

$$\mathrm{d}(\det(X)) = \det(X)\mathrm{Tr}(X^{-1}\mathrm{d}X)$$

二阶微分矩阵 | 矩阵函数 $f(X)$ 的二阶微分为

$$\mathrm{d}^2 f(X) = \mathrm{Tr}(U(\mathrm{d}X)^{\mathrm{T}} V(\mathrm{d}X))$$

或者

$$\mathrm{d}^2 f(X) = \mathrm{Tr}(U(\mathrm{d}X)V(\mathrm{d}X))$$

与之对应的 Hessian 矩阵可写为

$$H(f(X)) = \frac{1}{2}(U^{\mathrm{T}} \otimes V + U \otimes V^{\mathrm{T}})$$

或者

$$H(f(X)) = \frac{1}{2}K_{nm}(U^{\mathrm{T}} \otimes V + V^{\mathrm{T}} \otimes U)$$

其中, K_{nm} 为交换矩阵.

第四节　线 性 代 数

3.4.1　基本概念

向量 | 既有大小, 又有方向的量.

列向量 | $x \in \mathbb{R}^{n\times 1}$, $x = [x_1, x_2, \cdots, x_n]^{\mathrm{T}}$.

行向量 | $x^{\mathrm{T}} \in \mathbb{R}^{1\times n}$, $x^{\mathrm{T}} = [x_1, x_2, \cdots, x_n]$.

矩阵 | $A \in \mathbb{R}^{m\times n}$, 元素记为 a_{ij}.

$$A = \begin{bmatrix} a_{11} & a_{12} & \cdots & a_{1n} \\ a_{21} & a_{22} & \cdots & a_{2n} \\ \vdots & \vdots & & \vdots \\ a_{m1} & a_{m2} & \cdots & a_{mn} \end{bmatrix} = \begin{bmatrix} a_1^{\mathrm{T}} \\ a_2^{\mathrm{T}} \\ \vdots \\ a_m^{\mathrm{T}} \end{bmatrix} = [b_1 \quad b_2 \quad \cdots \quad b_n]$$

如果 $m = n$, 那么矩阵 A 称为方阵.

方阵的行列式 | 方阵 $A \in \mathbb{R}^{n\times n}$ 的行列式为 $\det(A): \mathbb{R}^{n\times n} \to \mathbb{R}$, 按行展开为

$$\det(A)=\begin{vmatrix} a_{11} & \cdots & a_{1j} & \cdots & a_{1n} \\ \vdots & & \vdots & & \vdots \\ a_{i-1,1} & \cdots & a_{i-1,j} & \cdots & a_{i-1,n} \\ a_{i1} & \cdots & a_{ij} & \cdots & a_{in} \\ a_{i+1,1} & \cdots & a_{i+1,j} & \cdots & a_{i+1,n} \\ \vdots & & \vdots & & \vdots \\ a_{n1} & \cdots & a_{nj} & \cdots & a_{nn} \end{vmatrix}$$

$$=\sum_{j=1}^{n} a_{ij}(-1)^{i+j}M_{ij}=\sum_{j=1}^{n} a_{ij}A_{ij}$$

其中，M_{ij} 为 a_{ij} 的余子式，A_{ij} 为 a_{ij} 的代数余子式，行列式为零的方阵为奇异矩阵.

3.4.2　矩阵的运算

加法 | 行、列数相同的矩阵才能相加，加和结果的行列数保持不变，如 $A+B$

$$\overbrace{\begin{bmatrix} a_{11} & a_{12} & \cdots & a_{1n} \\ a_{21} & a_{22} & \cdots & a_{2n} \\ \vdots & \vdots & & \vdots \\ a_{m1} & a_{m2} & \cdots & a_{mn} \end{bmatrix}}^{A\in\mathbb{R}^{m\times n}}+\overbrace{\begin{bmatrix} b_{11} & b_{12} & \cdots & b_{1n} \\ b_{21} & b_{22} & \cdots & b_{2n} \\ \vdots & \vdots & & \vdots \\ b_{m1} & b_{m2} & \cdots & b_{mn} \end{bmatrix}}^{B\in\mathbb{R}^{m\times n}}=\overbrace{\begin{bmatrix} a_{11}+b_{11} & a_{12}+b_{12} & \cdots & a_{1n}+b_{1n} \\ a_{21}+b_{21} & a_{22}+b_{22} & \cdots & a_{2n}+b_{2n} \\ \vdots & \vdots & & \vdots \\ a_{m1}+b_{m1} & a_{m2}+b_{m2} & \cdots & a_{mn}+b_{mn} \end{bmatrix}}^{A+B\in\mathbb{R}^{m\times n}}$$

矩阵加法的性质：$A+B=B+A$, $(A+B)+C=A+(B+C)$.

数乘 | $m\times n$ 矩阵 A 与任意数 λ 相乘等于矩阵的每个元素与 λ 相乘，

$$\lambda\begin{bmatrix} a_{11} & a_{12} & \cdots & a_{1n} \\ a_{21} & a_{22} & \cdots & a_{2n} \\ \vdots & \vdots & & \vdots \\ a_{m1} & a_{m2} & \cdots & a_{mn} \end{bmatrix}=\overbrace{\begin{bmatrix} \lambda a_{11} & \lambda a_{12} & \cdots & \lambda a_{1n} \\ \lambda a_{21} & \lambda a_{22} & \cdots & \lambda a_{2n} \\ \vdots & \vdots & & \vdots \\ \lambda a_{m1} & \lambda a_{m2} & \cdots & \lambda a_{mn} \end{bmatrix}}^{\lambda A\in\mathbb{R}^{m\times n}}$$

数乘性质：$(c_1A+c_2B)=c_1A+c_2B$, $c(A+B)=cA+cB$, $c_1(c_2A)=(c_1c_2)A$.

乘法 | 相乘的条件为 A 的列数等于 B 的行数.

$$\underbrace{\begin{bmatrix} a_{11} & a_{12} & \cdots & a_{1n} \\ a_{21} & a_{22} & \cdots & a_{2n} \\ \vdots & \vdots & & \vdots \\ a_{m1} & a_{m2} & \cdots & a_{mn} \end{bmatrix}}_{A\in\mathbb{R}^{m\times n}} \underbrace{\begin{bmatrix} b_{11} & b_{12} & \cdots & b_{1p} \\ b_{21} & b_{22} & \cdots & b_{2p} \\ \vdots & \vdots & & \vdots \\ b_{n1} & b_{n2} & \cdots & b_{np} \end{bmatrix}}_{B\in\mathbb{R}^{n\times p}} = \underbrace{\begin{bmatrix} \sum_{k=1}^{n} a_{1k}b_{k1} & \sum_{k=1}^{n} a_{1k}b_{k2} & \cdots & \sum_{k=1}^{n} a_{1k}b_{kp} \\ \sum_{k=1}^{n} a_{2k}b_{k1} & \sum_{k=1}^{n} a_{2k}b_{k2} & \cdots & \sum_{k=1}^{n} a_{2k}b_{kp} \\ \vdots & \vdots & & \vdots \\ \sum_{k=1}^{n} a_{mk}b_{k1} & \sum_{k=1}^{n} a_{mk}b_{k2} & \cdots & \sum_{k=1}^{n} a_{mk}b_{kp} \end{bmatrix}}_{AB\in\mathbb{R}^{m\times p}}$$

矩阵乘法的性质：$AB \neq BA$，$(AB)C = A(BC)$, $A(B+C) = AB + AC$.

内积 | 给定 $x, y \in \mathbb{R}^{n\times 1}$, $x^{\mathrm{T}}y$ 为一个标量，称为向量的内积或点积，记为 $\langle x, y\rangle$.

$$x^{\mathrm{T}}y = y^{\mathrm{T}}x = \begin{bmatrix} x_1 & x_2 & \cdots & x_n \end{bmatrix}\begin{bmatrix} y_1 \\ y_2 \\ \vdots \\ y_n \end{bmatrix} = \begin{bmatrix} y_1 & y_2 & \cdots & y_n \end{bmatrix}\begin{bmatrix} x_1 \\ x_2 \\ \vdots \\ x_n \end{bmatrix}$$

矩阵与向量乘积 | 给定 $A \in \mathbb{R}^{m\times n}$，$x \in \mathbb{R}^{n\times 1}$，那么乘积为 $y = Ax \in \mathbb{R}^{m\times 1}$.

√ 如果将矩阵 A 写成列向量的形式，y 表示为

$$y = Ax = \begin{bmatrix} a_1 & a_2 & \cdots & a_n \end{bmatrix}\begin{bmatrix} x_1 \\ x_2 \\ \vdots \\ x_n \end{bmatrix} = [a_1]x_1 + [a_2]x_2 + \cdots + [a_n]x_n$$

√ 如果将矩阵 A 写成行向量的形式，y 表示为

$$y = \begin{bmatrix} a_1^{\mathrm{T}} \\ a_2^{\mathrm{T}} \\ \vdots \\ a_m^{\mathrm{T}} \end{bmatrix} x = \begin{bmatrix} a_1^{\mathrm{T}}x \\ a_2^{\mathrm{T}}x \\ \vdots \\ a_m^{\mathrm{T}}x \end{bmatrix}$$

3.4.3 矩阵的操作及性质

转置 | 将 $A \in \mathbb{R}^{m\times n}$ 的行和列互换得到新矩阵，记为 $A^{\mathrm{T}} \in \mathbb{R}^{n\times m}$，$(A)_{ij} = (A^{\mathrm{T}})_{ji}$.

性质：$(A^{\mathrm{T}})^{\mathrm{T}} = A$, $(AB)^{\mathrm{T}} = B^{\mathrm{T}}A^{\mathrm{T}}$, $(A+B)^{\mathrm{T}} = A^{\mathrm{T}} + B^{\mathrm{T}}$.

求逆 | 方阵 $A \in \mathbb{R}^{n\times n}$ 的逆矩阵，记为 A^{-1}，需要满足 $A^{-1}A = AA^{-1}$.

矩阵 $A \in \mathbb{R}^{m\times n}$ 可逆的充要条件：A 为方阵，且 $\det(A) \neq 0$，如果 $\det(A) \neq 0$，那么

$A^{-1} = \frac{1}{\det(A)} A^*$, $(A^*)_{ij}$ 为 $(A)_{ji}$ 的代数余子式 A_{ji}, A^* 称为 A 的伴随矩阵.

性质: (给定 $A, B \in \mathbb{R}^{n\times n}$ 均为非奇异方阵)

$$(A^{-1})^{-1} = A,\ (AB)^{-1} = B^{-1}A^{-1},\ (A^{-1})^{\mathrm{T}} = (A^{\mathrm{T}})^{-1}$$

行列式的性质 | 单位阵的行列式为 1, $\det(I) = 1$.

行列式的某一行(列)的所有的元素都乘以同一数 k, 等于用数 k 乘此行列式.

$A \in R^{n\times n}$, $\det(A) = \det(A^{\mathrm{T}})$.

$A, B \in \mathbb{R}^{n\times n}$, $\det(AB) = \det(A)\det(B)$.

当且仅当 A 为奇异方阵时, $\det(A) = 0$.

当 A 为非奇异方阵时, $\det(A^{-1}) = 1/\det(A)$.

矩阵的迹 | 方阵 $A \in \mathbb{R}^{n\times n}$ 的迹, 记为 $\mathrm{Tr}(A)$, 指的是矩阵主对角线位置的元素之和 $\mathrm{Tr}(A) = \sum_{i=1}^{n} a_{ii}$.

$\mathrm{Tr}(A) = \mathrm{Tr}(A^{\mathrm{T}})$, $\mathrm{Tr}(AB) = \mathrm{Tr}(BA)$.

$\mathrm{Tr}(A+B) = \mathrm{Tr}(B+A)$.

$\mathrm{Tr}(ABC) = \mathrm{Tr}(CAB) = \mathrm{Tr}(BCA)$.

范数 | 一个衡量向量(或矩阵)长度或大小的量.

常用的向量范数包括:

ℓ_1	$\|x\|_1 = \sum_i \|x_i\|$	绝对值之和
ℓ_2	$\|x\|_2 = \sqrt{\sum_i x_i^2}$	平方和的平方根
ℓ_p	$\|x\|_p = \left(\sum_i \|x_i\|^p\right)^{1/p}$	绝对值 p 次方和的 $1/p$ 次幂

给定 $a \in \mathbb{R}^{n\times 1}$, $\|a\|_2 = 1$, a 称为归一化向量.

常用的矩阵范数包括:

ℓ_1	$\|A\|_1 = \max_j \sum_i \|a_{ij}\|$	列向量元素绝对值和最大值
ℓ_∞	$\|A\|_\infty = \max_i \sum_j \|a_{ij}\|$	行向量元素绝对值和最大值
ℓ_F	$\|A\|_F = \sqrt{\sum_i \sum_j a_{ij}^2}$	元素平方和的平方根

正交 | 给定 $a, b \in \mathbb{R}^{n\times 1}$, 如果 $a^{\mathrm{T}}b = 0$, 那么向量 a, b 正交. 对于方阵 $A \in \mathbb{R}^{n\times n}$ 来说, 如果 A 的列向量两两正交, 且 ℓ_2 范数为 1, 那么 A 为正交阵, 数学描述为 $A^{\mathrm{T}}A = I = AA^{\mathrm{T}}$.

正定性 | 对于 $A \in \mathbb{R}^{n\times n}, \forall w \in \mathbb{R}^{n\times 1}$，满足 $w^{\mathrm{T}}Aw > 0$，A 为正定矩阵；满足 $w^{\mathrm{T}}Aw \geqslant 0$，$A$ 为半正定矩阵.

线性无关 | 给定 $\{x_1, x_2, \cdots, x_m\}$ 为一组向量，如果 $\forall \lambda_1, \lambda_2, \cdots, \lambda_m \in \mathbb{R}$,

$$\lambda_1 x_1 + \cdots + \lambda_m x_m = \mathbf{0} \Leftrightarrow \lambda_1 = \cdots = \lambda_m = 0$$

那么，向量组 $\{x_1, x_2, \cdots, x_m\}$ 线性无关. 从相反的角度来看，如果存在不完全为零的一组数 $\lambda_1, \lambda_2, \cdots, \lambda_m$ 使得 $\lambda_1 x_1 + \cdots + \lambda_m x_m = \mathbf{0}$，那么 $\{x_1, x_2, \cdots, x_m\}$ 线性相关.

极大线性无关组 | 给定 $S \subset \mathbb{R}^{m\times 1}$，$S$ 的子集 $Q = \{x_1, x_2, \cdots, x_m\}$ 线性无关. 如果将 S 中的任一向量 x_q 加入 Q 中所得出的新向量组线性相关，那么 Q 称为 S 的最大线性无关组.

基 | 给定 n 维向量空间的一组线性无关向量 $\{\alpha_1, \cdots, \alpha_n\}$，向量空间中的任一向量 β 都可以唯一写为下列线性组合的形式:

$$\beta = \lambda_1 \alpha_1 + \lambda_2 \alpha_2 + \cdots + \lambda_n \alpha_n$$

$\{\alpha_1, \cdots, \alpha_n\}$ 为向量空间中的一组基，$(\lambda_1, \lambda_2, \cdots, \lambda_n)$ 为对应的 β 的坐标.

秩 | 任一向量组 S 的一组极大线性无关组所包含的向量个数，称为向量组的秩. 任一矩阵 A 的行向量组的秩称为 A 的行秩；同理，A 的列向量组的秩称为 A 的列秩.

$\forall A \in \mathbb{R}^{m\times n}$，矩阵的行秩等于列秩，称为矩阵的秩，记为 $\mathrm{rank}(A)$.

给定 $A \in \mathbb{R}^{m\times n}$，$\mathrm{rank}(A) \leqslant \min(m, n)$，如果 $\mathrm{rank}(A) = \min(m, n)$，那么矩阵 A 为满秩矩阵.

$\mathrm{rank}(A) = \mathrm{rank}(A^{\mathrm{T}})$.

$\mathrm{rank}(A+B) \leqslant \mathrm{rank}(A) + \mathrm{rank}(B)$.

$\mathrm{rank}(AB) \leqslant \min(\mathrm{rank}(A), \mathrm{rank}(B))$.

3.4.4 空间

线性空间 | 给定非空集合 V，以及数域 F，V 称为 F 上的线性空间，也称为向量空间，满足以下条件：$\forall a, b, c \in V$，$\lambda, \mu \in F$，

$$\mu(\lambda a) = \lambda(\mu a), \ 1a = a$$

$$a + b = b + a, \ a + (b + c) = (a + b) + c$$

$$\lambda(a + b) = \lambda a + \lambda b, \ (\lambda + \mu)a = \lambda a + \mu a$$

以及 V 中存在零向量 p、负向量 q,

$$\exists p \in V,\ \forall a \in V,\ p + a = a$$
$$\forall a \in V,\ \exists q \in V,\ a + q = q + a = p$$

子空间 | 给定 V 是数域 F 上的线性空间, Y 是 V 的非空子集, 如果 Y 满足以下条件

$$a,b \in Y \Rightarrow a + b \in Y$$
$$a \in Y, \lambda \in F \Rightarrow \lambda a \in Y$$

那么 Y 是 V 的子空间.

行空间 | 空间 $\mathbb{F}^{m\times n}$ 上任一矩阵 A 的行向量组在向量空间 $\mathbb{F}^{n\times 1}$ 中生成的空间, 称为 A 的行空间.

列空间 | A 的列向量组在 $\mathbb{F}^{n\times 1}$ 中生成的空间.

直和 | 给定 $Y_1,\cdots,Y_k$ 为线性空间 Y 的子集, $Y = Y_1 + \cdots + Y_k$, 如果每个 $y \in Y$ 可以分解为

$$y = y_1 + y_2 + \cdots + y_k,\ y_i \in Y_i,\ \forall 1 \leqslant i \leqslant k$$

而且该形式是唯一的, 那么称 Y 是 $Y_1,\cdots,Y_k$ 的直和, 记为 $Y_1 \oplus Y_2 \oplus \cdots \oplus Y_k$.

$$Y_1 + Y_2 = Y_1 \oplus Y_2 \Leftrightarrow Y_1 \cap Y_2$$

补空间 | 给定 U 是 V 的子空间, 若 V 的子空间 W 满足 $U \oplus W = V$, 那么 W 是 U 在 V 中的补空间.

零空间 | 矩阵 $A \in \mathbb{R}^{m\times n}$ 的零空间是所有满足以下条件的向量组成的空间

$$\text{Null}(A) = \{\alpha \in \mathbb{R}^n \mid A\alpha = 0\}$$

欧几里得空间 | 给定 V 是 $\mathbb{R}$ 上的线性空间, 以及 V 上的二元实函数, 完成任意向量 a, b 到实数内积 $\langle a,b\rangle$ 的映射, 并满足以下条件: $\forall a_1, a_2, b \in V,\ \lambda \in \mathbb{F}$,

$$\langle a_1 + a_2, b\rangle = \langle a_1, b\rangle + \langle a_2, b\rangle,\ \langle \lambda a, b\rangle = \lambda\langle a, b\rangle$$
$$\langle b, a_1 + a_2\rangle = \langle b, a_1\rangle + \langle b, a_2\rangle,\ \langle b, \lambda a\rangle = \lambda\langle b, a\rangle$$
$$\langle a, b\rangle = \langle b, a\rangle,\ \langle b, b\rangle > 0,\ b \neq \mathbf{0}$$

则 V 称为欧几里得空间, 简称欧式空间.

希尔伯特空间 | 带有内积的完备向量空间, 是有限维的欧式空间在无限维的推广.

再生核 | 给定 K 为定义在 X 上的希尔伯特空间 $\mathcal{H}$ 中的一个函数, 其满足

$$\forall x \in X,\ K(\cdot, x) \in \mathcal{H}$$
$$\forall x \in X,\ f \in \mathcal{H},\ f(x) = \langle f(\cdot), K(\cdot, x)\rangle_{\mathcal{H}}$$

该函数为 $\mathcal{H}$ 的再生核函数, $\mathcal{H}$ 是以 $K(y,\ x)$ 为再生核的希尔伯特空间, 称为再生核希尔伯特空间, 英文缩写为 RKHS.

3.4.5 常用矩阵及线性变换

单位矩阵 | 指的是对角线位置为 1，其他位置均为 0 的方阵，记为 $I \in \mathbb{R}^{n\times n}$，数学描述为

$$I_{ij} = \begin{cases} 1, & i = j \\ 0, & i \neq j \end{cases}$$

性质：$\forall A \in \mathbb{R}^{m\times n}$，$AI = A = IA$.

对角矩阵 | 指的是非对角线位置均为 0 的矩阵，记为 $\operatorname{diag}(d_1, d_2, \cdots, d_n)$.

单位矩阵 $I = \operatorname{diag}(1,1,\cdots,1)$.

对称矩阵 | 指的是满足 $A = A^{\mathrm{T}}$ 的方阵 $A \in \mathbb{R}^{n\times n}$.

$\forall A \in \mathbb{R}^{n\times n}$，$A + A^{\mathrm{T}}$ 是对称矩阵.

二次型 | 给定 $A \in \mathbb{R}^{n\times n}$，$x \in \mathbb{R}^{n\times 1}$，标量 $x^{\mathrm{T}}Ax$ 称为二次型，数学描述为 $x^{\mathrm{T}}Ax = \sum_{i=1}\sum_{j=1} A_{ij}x_i x_j$.

特征向量 | 给定 $A \in \mathbb{R}^{n\times n}$，如果 $x \in \mathbb{R}^{n\times 1}$ 满足

$$Ax = \lambda x,\ x \neq 0$$

那么 λ 为 A 的特征值, x 为相应的特征向量.

线性映射 | 将任意两个向量空间 $\mathbb{R}^{m\times 1}, \mathbb{R}^{n\times 1}$ 通过矩阵乘法完成的映射

$$\mathcal{A}: \mathbb{R}^{m\times 1} \to \mathbb{R}^{n\times 1},\ Y = \mathcal{A}X$$

称为线性映射. 更为正式的定义为 W, V 为数域 $\mathcal{R}$ 上的线性空间, $\mathcal{A}: W \to V$ 为空间之间的映射. $\mathcal{A}$ 为线性映射需要满足 $\forall a_1, a_2 \in W$，$\lambda \in \mathbb{R}$，

$$\mathcal{A}(a_1 + a_2) = \mathcal{A}(a_1) + \mathcal{A}(a_2)$$
$$\mathcal{A}(\lambda a) = \lambda(\mathcal{A}a),\ \forall a \in W$$

性质：$\mathcal{A}(\mathbf{0}_W) = \mathbf{0}_V$，$\mathcal{A}(-b) = -\mathcal{A}(b)$.

若 $b_1, \cdots, b_t$ 线性相关，$\mathcal{A}(b_1), \cdots, \mathcal{A}(b_t)$ 线性相关.

线性变换 | 给定 V 是 $\mathbb{R}$ 上的有限维向量空间，那么 V 到自身的映射 $\mathcal{A}: V \to V$ 称为线性变换.

线性变换也是线性映射 $\mathcal{A}: W \to V$, $W = V$.

特征值分解 | 给定矩阵 A 有特征值 $\lambda_1, \lambda_2, \cdots, \lambda_k$，以及对应的线性无关的特征向量 $x_1, \cdots, x_k$. 令

$$V = [x_1 \quad x_2 \quad \cdots \quad x_k],\ U = \operatorname{diag}(\lambda_1, \lambda_2, \cdots, \lambda_k)$$

因此有

$$AV=\begin{bmatrix}\lambda_1x_{11} & \lambda_2x_{21} & \cdots & \lambda_kx_{k1}\\ \lambda_1x_{12} & \lambda_2x_{22} & \cdots & \lambda_kx_{k2}\\ \vdots & \vdots & & \vdots\\ \lambda_1x_{1k} & \lambda_2x_{2k} & \cdots & \lambda_kx_{kk}\end{bmatrix}=\begin{bmatrix}x_{11} & x_{21} & \cdots & x_{k1}\\ x_{12} & x_{22} & \cdots & x_{k2}\\ \vdots & \vdots & & \vdots\\ x_{1k} & x_{2k} & \cdots & x_{kk}\end{bmatrix}\begin{bmatrix}\lambda_1 & 0 & \cdots & 0\\ 0 & \lambda_2 & \cdots & 0\\ \vdots & \vdots & & \vdots\\ 0 & 0 & \cdots & \lambda_k\end{bmatrix}=VU$$

$A=VUV^{-1}$ 称为特征值分解.

SVD 分解 | $\forall A\in\mathbb{R}^{m\times n}$, $A=UDV^{\mathrm{T}}$.

其中 $U\in\mathbb{R}^{m\times m}$ 为正交方阵, U 的列向量为 AA^{T} 的特征向量; $V\in\mathbb{R}^{n\times n}$ 为正交方阵, V 的列向量为 $A^{\mathrm{T}}A$ 的特征向量; D 为 $m\times n$ 的对角矩阵, 形如

$$D=\operatorname{diag}(\lambda_1,\lambda_2,\cdots,\lambda_r,0,\cdots,0)$$

$$\lambda_1\geqslant\lambda_2\geqslant\cdots\geqslant\lambda_r>0,\ r=\operatorname{rank}(A)$$

$\lambda_1,\cdots,\lambda_r$ 是 $A^{\mathrm{T}}A$ 的特征值的平方根, 称为矩阵 A 的奇异值.

LU 分解 | $\forall A\in\mathbb{R}^{n\times n}$, 非奇异方阵 A 可以分解为

$$PA=LU$$

其中, P 为置换矩阵, L 为下三角矩阵, 主对角位置的元素取值为 1, U 为上三角矩阵.

QR 分解 | $\forall A\in\mathbb{R}^{m\times n}$, 矩阵 A 可以分解为

$$A=QR,\ Q\in\mathbb{R}^{m\times m},\ R\in\mathbb{R}^{m\times n}$$

其中, Q 为正交矩阵, R 为上三角矩阵.

非负矩阵分解 | $\forall A\in\mathbb{R}^{m\times n}$, 非负矩阵 A 分解为

$$A\approx WH,\ W\in\mathbb{R}^{m\times k},\ H\in\mathbb{R}^{k\times n}$$

其中, W 为非负的基矩阵, H 为非负的系数矩阵, H 的列向量为 A 投影到 W 上获得的向量.

第五节　图　模　型

3.5.1　基本概念

独立 | 给定变量 x,y, 若其联合概率分布 $p(x,y)$ 可以写为 $p(x,y)=p(x)p(y)$. 那么, 变量 x 和变量 y 独立.

条件独立 | 给定变量 x,y,z, 若其条件分布 $p(x,y|z)$ 可以写为

$$p(x,y|z)=p(x|z)p(y|z)$$

那么, 变量 x 和 y 在 z 的条件下独立, 记为 $x\perp\!\!\!\perp y|z$.

似然函数 | 给定模型参数 θ, 观测数据 $\mathcal{D}$, 模型的似然函数为

$$p(\theta \mid \mathcal{D})=\frac{p(\mathcal{D} \mid \theta) p(\theta)}{p(\mathcal{D})}=\frac{p(\mathcal{D} \mid \theta) p(\theta)}{\int_{\theta} p(\mathcal{D} \mid \theta) p(\theta) \mathrm{d} \theta}$$

其中, $p(\mathcal{D}|\theta)p(\theta)$ 为后验概率分布, $p(\theta)$ 为先验概率分布. 如果先验概率分布为常数, 那么最大后验估计(maximum a posteriori, MAP)等价于最大似然估计(maximum likelihood estimation, MLE).

无向图 | 无向边和节点组成的图.

有向图 | 有向边和节点组成的图.

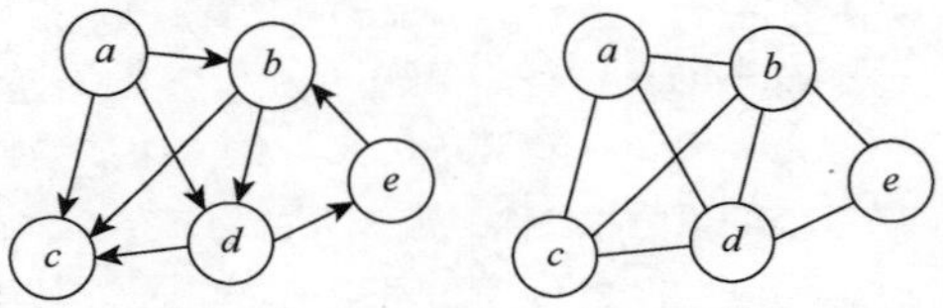

有向图　　　　无向图

有向无环图 | 任意一条边有方向, 且没有环的图.

团 | 无向图中两两连接的顶点的子集.

极大团 | 一个团, 且不存在点与团顶点之间有边.

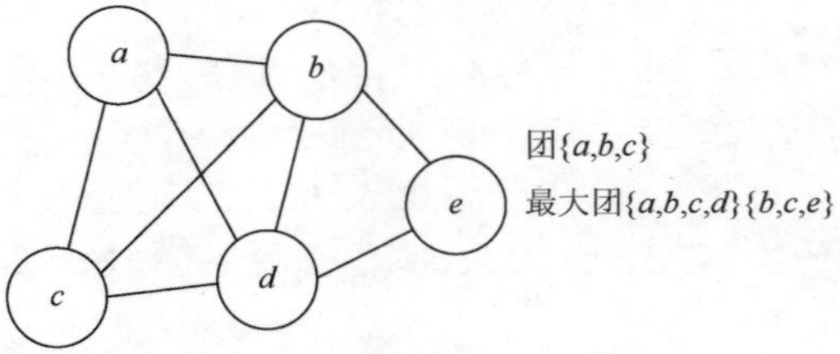

无向图中的关系 | 以下图的节点 a 为例

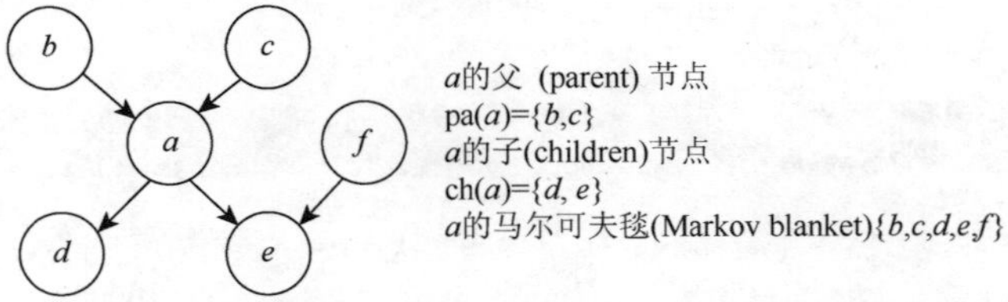

3.5.2 有向图模型

信念网络 | 指的是形如下式的概率分布

$$p(x_1,x_2,\cdots,x_n)=\prod_{i=1}^{n}p(x_i\mid pa(x_i))$$

信念网络可以表示为一个有向图，图中的有向边从父节点指向子节点，图中的节点表示因子 $p(x_i\mid pa(x_i))$. 根据贝叶斯法则，概率分布写为

$$\begin{aligned}p(x_1,\cdots,x_n)&=p(x_1\mid x_2,\cdots,x_n)p(x_2,\cdots,x_n)\\&=p(x_1\mid x_2,\cdots,x_n)p(x_2\mid x_3,\cdots,x_n)p(x_3,\cdots,x_n)\\&=p(x_n)\prod_{i=1}^{n-1}p(x_i\mid x_{i+1},\cdots,x_n)\end{aligned}$$

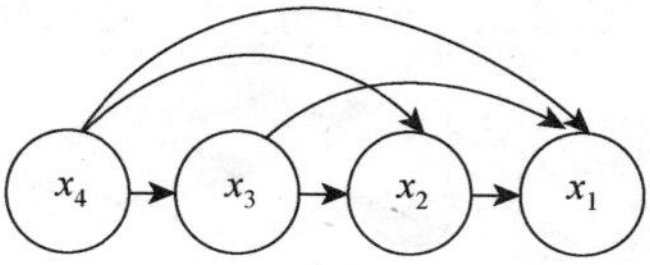

根据上图，$p(x_1,x_2,x_3,x_4)$ 为

$$p(x_1\mid x_2,x_3,x_4)p(x_2\mid x_3,x_4)p(x_3\mid x_4)p(x_4)$$

阻塞 | 给定 B, C, D 为有向图中任意不相交的节点集. 若 D 为条件集合(D 的节点被观测到)，从 B 中节点到 C 中节点的所有可能路径中，某条路径被堵塞，如果该路径包含节点 n 满足以下任一条件:

√　在节点 n 处，路径上的有向边呈现“头对尾”或者“尾对尾”的形态，且 $n\in D$；

√　在节点 n 处，有向边呈现 “头对头” 的形态，且 $n,\mathrm{ch}(n)\notin D$.

有向分离 | 如果从 B 到 C 的所有路径都被堵塞，那么 B 和 C 被 D 有向分离. 因此，有向图所表示的有关这些节点的联合概率分布满足 $B\perp\!\!\!\perp C\mid D$.

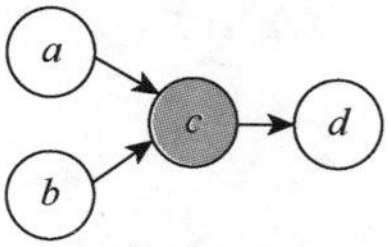

在上图中，从 a 到 b 的路径没有被 c 阻塞. 因为在 c 处，有向边呈 “头对头” 的形态，但是节点 c 在条件节点集合中，即 c 被观测到，用阴影表示.

3.5.3　无向图模型

势函数 | 变量 x 的一个非负函数，即 $\varphi(x)\geqslant 0$. 变量的分布是一个特例，视为一个归一化的势函数，$\sum_x \varphi(x)=1$. 分布 $p(a,b,c)$ 还可以分解为

$$p(a,b,c)=\frac{1}{Z}\phi(a,b)\phi(b,c),\ Z=\sum_{a,b,c}\phi(a,b)\phi(b,c)$$

马尔可夫网络 | 给定 $\mathcal{X}=\{x_1,\cdots,x_n\}$，马尔可夫网络是变量集合 $X_c\in\mathcal{X}$ 定义的势函数的乘积.

$$p(x_1,\cdots,x_n)=\frac{1}{Z}\prod_{c=1}^{C}\phi_c(X_c)$$

其中，X_c 为网络对应的无向图中的极大团.

分离 | 给定无向图 G 中三个不相交的节点子集 B, C, D, 如果从 B 中节点到 C 中节点的每一条路径都需要通过 D, 那么 B 和 C 被 D 分离.

全局马尔可夫性 | 给定无向图的三个不相交的节点子集 B, C, D, 且子集 D 将子集 B 和子集 C 分离, 则有 $B\perp\!\!\!\perp C\mid D$.

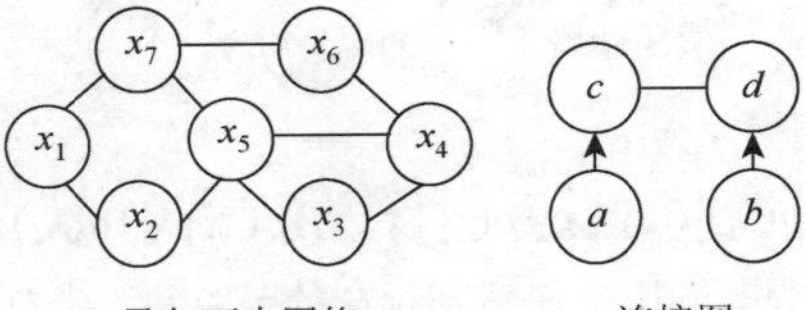

马尔可夫网络　　　　连接图

由上图的马尔可夫网络可知 $x_1\perp\!\!\!\perp x_4\mid\{x_2,x_5,x_6\}$.

链式图模型 | 同时包含有向边和无向边的图模型.

链式成分 | 链式图去掉有向边, 剩余的相互连接的部分. 上图的链式成分有 (a), (b), (c,d).

因子图模型 | 给定 $p(x_1,\cdots,x_n)=\prod_i\psi_i(X_i)$，因子图模型中的方块对应函数中的因子 ψ_i，节点表示变量 x_j，对于 $x_j\in X_i$，存在一条无向边连接 ψ_i 和 x_j. 例如, $p(a,b,c)=\phi(a,b)\phi(b,c)\phi(a,c)$.

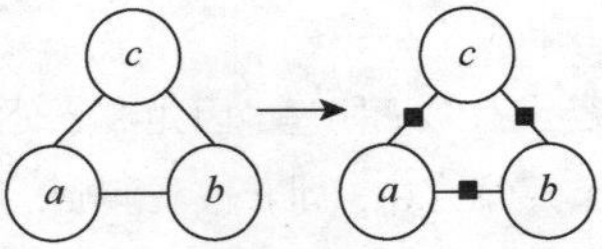

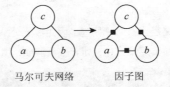

马尔可夫网络　　　　因子图

independence map | 给定概率分布 P 及对应的图 G, 如果从 G 中推断出的条件独立在分布 P 中真实存在, 那么 G 为分布 P 的 I-map.

dependence map | 给定概率分布 P 及对应的图 G, 如果分布 P 中表示的条件独立在 G 中真实存在, 那么 G 为分布 P 的 D-map.

3.5.4 图模型的推断

边缘推断 | 已知概率分布 $p(x_1,\cdots,x_4)$, $x_1=b$, 边缘推断可为

$$p(x_4 \mid x_1=b) \propto \sum_{x_2,x_3} p(x_1=b,x_2,x_3,x_4)$$

变量消除 | 逐次消除分布的变量, 计算边缘分布.

$$p(a)=\sum_{b,c,d} p(a,b,c,d)=\sum_{b,c,d} p(a\mid b)p(b\mid c)p(c\mid d)p(d)$$

$$=\sum_{b} p(a\mid b)\overbrace{\sum_{c} p(b\mid c)\underbrace{\sum_{d} p(c\mid d)p(d)}_{\gamma_d(c)}}^{\gamma_c(b)}$$

马尔可夫链

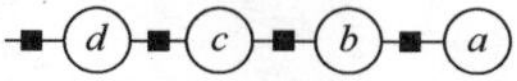

因子图

sum-product 算法 | 在因子图上计算边缘分布.

$$p(a,b,c)=\sum_{b,c,d}\phi_1(a,b)\phi_2(b,c)\phi_3(c,d)\phi_4(d) \;=\phi_1(a,b)\phi_2(b,c)\underbrace{\sum_{d} p(a\mid b)\phi_3(c,d)\phi_4(d)}_{\mu_{d\to c}(c)}$$

其中, $\mu_{d\to c}(c)$ 为从 d 到 c 传递的信息.

Junction Tree 算法 | 变量消除等方法解决单连接图的推断问题, 如果概率图模型属于多连接图, 推断需使用 Junction Tree 算法:

√ 对原始的图进行 moralisation, 融合父节点.

√ 对图进行 triangulation 构造 chordal graph.

√ 寻找 graph 中的极大团, 构造 Junction Tree.

√ 在树结构上运行广义的 sum-product 算法.

第六节 凸 优 化

3.6.1 凸集

如果一个集合 C 中的任意两点之间的线段也在该集合中, 即集合 C 满足以下条件:

$$\forall x_1,x_2\in C,\ \theta\in\mathbb{R},\ 0\leqslant\theta\leqslant 1$$
$$\theta x_1+(1-\theta)x_2\in C$$

那么集合 C 可以称为凸集.

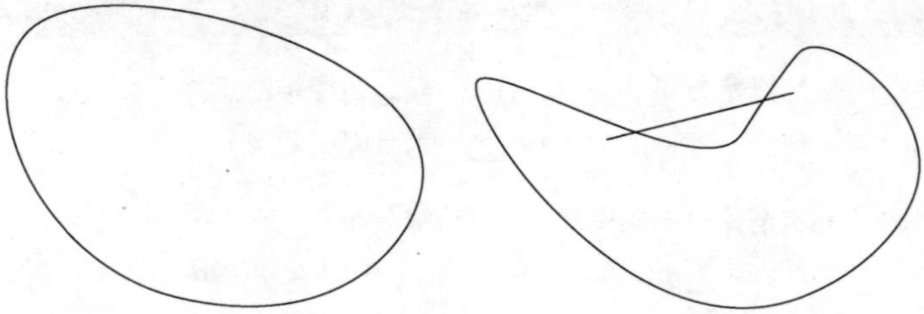

凸集　　　　　　　　　　非凸集

推广至一般情况, 对于参数 θ 的不同约束可得到

名称	约束
凸集	$\sum_{i}^{n}\theta_i=1,\ \theta_i\geqslant 0$
仿射集	$\sum_{i}^{n}\theta_i=1$
凸锥	$\forall\theta_i\geqslant 0$

3.6.2　凸函数

如果函数 $f:\mathbb{R}^n\to\mathbb{R}$ 满足以下条件:

$$\forall x_1,x_2\in\mathrm{dom}(f),\ \theta\in\mathbb{R},\ 0\leqslant\theta\leqslant 1$$
$$f(\theta x_1+(1-\theta)x_2)\leqslant\theta f(x_1)+(1-\theta)f(x_2)$$

其中, dom(f)为凸集, 那么函数 f 是一个凸函数.

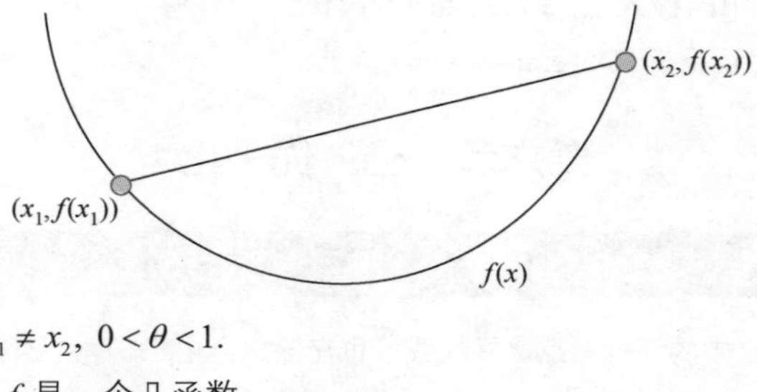

严格凸 | 当 $x_1\neq x_2$, $0<\theta<1$.

凹函数 | 当 $-f$ 是一个凸函数.

严格凹 | 当 $-f$ 是一个严格凸函数.

推广至多个数据点，$\sum_{i}^{n}\theta_i=1,\ \theta_i\geqslant 0$，

$$f\left(\sum_{i=1}^{n}\theta_i x_i\right)\leqslant\sum_{i=1}^{n}\theta_i f(x_i)$$

即 $f(\mathbb{E}[x])\leqslant\mathbb{E}[f(x)]$，称为 Jensen 不等式.

凸函数的几何意义

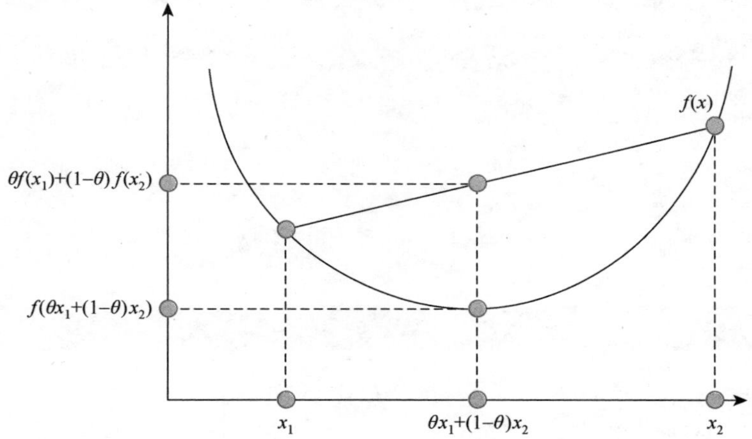

判断函数凸性的方式：一阶条件、二阶条件.

一阶条件 | 如果一个函数 $f:\mathbb{R}^n\to\mathbb{R}$ 在 $\mathrm{dom}(f)$ 上处处可导，满足以下条件：

$$\forall x_1,x_2\in\mathrm{dom}(f)$$
$$f(x_2)\geqslant f(x_1)+\nabla^{\mathrm{T}}f(x_1)(x_2-x_1)$$

则 f 为凸函数.

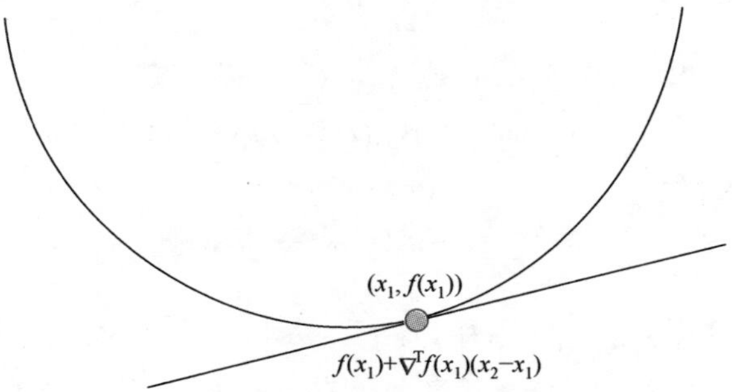

二阶条件 | 如果一个函数 $f:\mathbb{R}^n \to \mathbb{R}$在dom($f$)上的所有点二阶导数存在，并满足以下条件：

$$\forall x \in \mathrm{dom}(f),\ \nabla^2 f(x) \succeq 0$$

即如果 f 的 Hessian 矩阵为半正定矩阵，那么 f 为凸函数.

3.6.3 常见优化问题的数学描述

线性规划	二次规划	二次约束二次规划	半定规划
$G \in \mathbb{R}^{m\times n}, A \in \mathbb{R}^{p\times n}$	$G \in \mathbb{R}^{m\times n}, A \in \mathbb{R}^{p\times n}, P \in \mathbb{R}_+^n$	$P_i \in \mathbb{S}_+^n,\ i=1,\cdots,m$	$C, A_1,\cdots,A_p \in \mathbb{S}^n$
$\begin{aligned}\min_x\quad & c^{\mathrm{T}}x+d \\ \text{s.t.}\quad & Gx \preceq h \\ & Ax=b\end{aligned}$	$\begin{aligned}\min_x\quad & \frac{1}{2}x^{\mathrm{T}}Px+q^{\mathrm{T}}x+r \\ \text{s.t.}\quad & Gx \preceq h \\ & Ax=b\end{aligned}$	$\begin{aligned}\min_x\quad & \frac{1}{2}x^{\mathrm{T}}P_0x+q_0^{\mathrm{T}}x+r_0 \\ \text{s.t.}\quad & Ax=b \\ & \frac{1}{2}x^{\mathrm{T}}P_ix+q_i^{\mathrm{T}}x+r_i \leqslant 0\end{aligned}$	$\begin{aligned}\min_x\quad & \mathrm{Tr}(CX) \\ \text{s.t.}\quad & \mathrm{Tr}(A_iX)=b_i \\ & X \succeq 0\end{aligned}$

3.6.4 优化问题

标准形式 | 给定 $x \in \mathbb{R}^n$，在满足条件 $f_i(x) \leqslant 0$ 及 $h_i(x)=0$ 的所有 x 中寻找极小化 $f_0(x)$ 的取值，即

$$\begin{array}{lll} \min\limits_x & f_0(x) & \mid\ \text{目标函数}\mathbb{R}^n \to \mathbb{R} \\ \text{s.t.} & f_i(x) \leqslant 0,\ i=1,\cdots,m & \mid\ \text{不等式约束}\mathbb{R}^n \to \mathbb{R} \\ & h_i(x)=0,\ i=1,\cdots,p & \mid\ \text{等式约束}\mathbb{R}^n \to \mathbb{R} \end{array}$$

当 $m=p=0$，该问题称为无约束问题.

如果问题定义域中的 x 满足约束条件，那么 x 是可行的；所有可行点的集合称为可行集.

最优值 | 满足以下条件的 $p^* \in [-\infty,\infty]$：

$$p^* = \inf\{f_0(x) \mid f_i(x) \leqslant 0,\ h_i(x)=0\}$$

√ 如果问题不可行，则 $p^*=\infty$.

√ 如果 x_k 为可行解，满足 $k \to 0$，$f_0(x+k) \to -\infty$，则 $p^*=-\infty$，该优化问题无下界.

最优点 | 最优点 x^* 是可行解，且 $f_0(x^*)=p^*$.

局部最优 | 可行解 x 为局部最优解，如果存在 $R>0$，使得以下条件成立

$$f_0(x)=\inf\{f_0(y)\mid f_i(y)\leqslant 0,\ i=1,\cdots,m,\ h_i(y)=0,\ i=1,\cdots,p,\ \|y-x\|_2\leqslant R\}$$

松弛变量 | 引入$s\in\mathbb{R}^m$，将不等式约束替换为等式约束，原优化问题可以表示为

$$\begin{aligned}\min_x \quad & f_0(x)\\ \text{s.t.} \quad & s_i\geqslant 0,\ i=1,\cdots,m\\ & f_i(x)+s_i=0,\ i=1,\cdots,m\\ & h_i(x)=0,\ i=1,\cdots,p\end{aligned}$$

3.6.5　凸优化问题

凸优化问题 | 形如以下格式的优化问题

$$\begin{aligned}\min_x \quad & f_0(x)\\ \text{s.t.} \quad & f_i(x)\leqslant 0,\ i=1,\cdots,m\\ & a_i^T x=b_i,\ i=1,\cdots,p\end{aligned}$$

其中，$f_0,\cdots,f_m$均为凸函数.

凸优化问题的特点 | 满足以下条件:

√　目标函数必须是凸函数.

√　不等式约束函数必须是凸函数.

√　等式约束函数必须是仿射函数.

√　局部最优解和全局最优解等价.

如果目标函数可微，根据凸函数的定义，有

$$\begin{gathered}\forall x,y\in\mathrm{dom}(f)\\ f(y)\geqslant f(x)+\nabla^{\mathrm{T}}f(x)(y-x)\end{gathered}$$

凸优化问题的可行集X可表示为

$$X=\{x\mid f_i(x)\leqslant 0,\ h_i=0\}$$

最优解 | x为最优解，当且仅当满足以下条件:

$$\begin{cases}x\in X\\ f(y)\geqslant f(x)+\nabla^{\mathrm{T}}f(x)(y-x)\end{cases}$$

$f_0(x)$最优性条件的几何意义

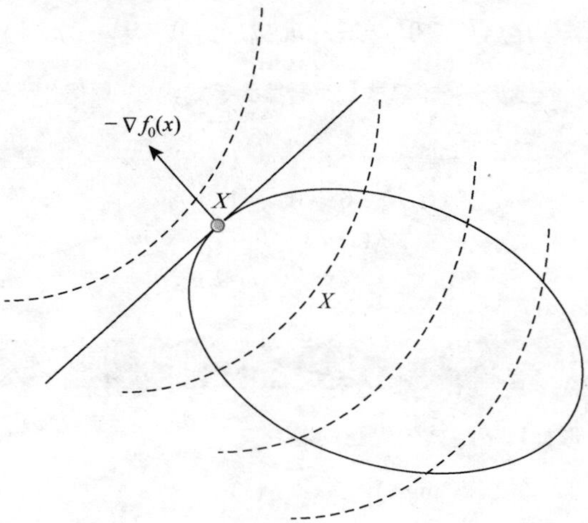

常见的凸优化问题形式:

线性规划 | 仿射目标函数和约束函数.

二次规划 | 二次型目标函数和仿射约束函数.

二次约束二次规划 | 二次型目标、约束函数.

半定规划 | n 维对称矩阵.

3.6.6 对偶

Lagrange 函数 | 获取优化问题约束条件的加权和, 放入原有目标函数, 得到增广的目标函数.

$\mathcal{L}:\mathbb{R}^n\times\mathbb{R}^m\times\mathbb{R}^p\to\mathbb{R}$

$$\mathcal{L}(x,\lambda,\upsilon)=f_0(x)+\sum_{i=1}^{m}\lambda_i f_i(x)+\sum_{i=1}^{p}\upsilon_i h_i(x)$$

其中, λ_i,υ_i 为对应的 Lagrange 乘子

Lagrange 对偶函数 | 对于 $\lambda\in\mathbb{R}^m$, $\upsilon\in\mathbb{R}^p$, Lagrange 函数有关 x 可以取得的最小值.

$g:\mathbb{R}^m\times\mathbb{R}^p\to\mathbb{R}$

$$g(\lambda,\upsilon)=\inf_x\left(f_0(x)+\sum_{i=1}^{m}\lambda_i f_i(x)+\sum_{i=1}^{p}\upsilon_i h_i(x)\right)$$

最优值下界 | Lagrange 对偶函数为原始优化问题最优值 p^* 的下界, 即

$$\forall\lambda\succeq 0,\ g(\lambda,\upsilon)\leqslant p^*$$

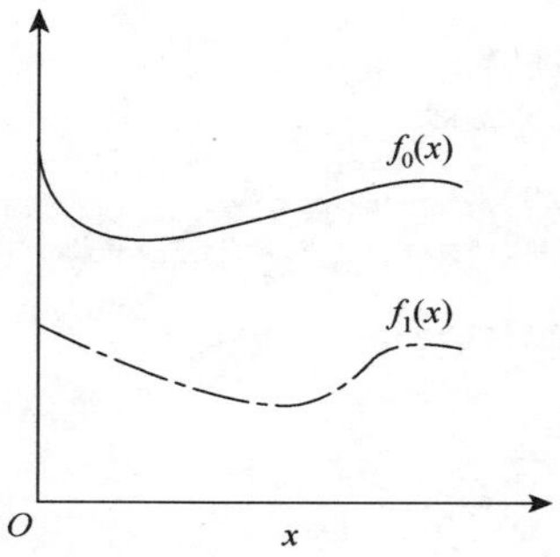

对偶可行解给出的下界

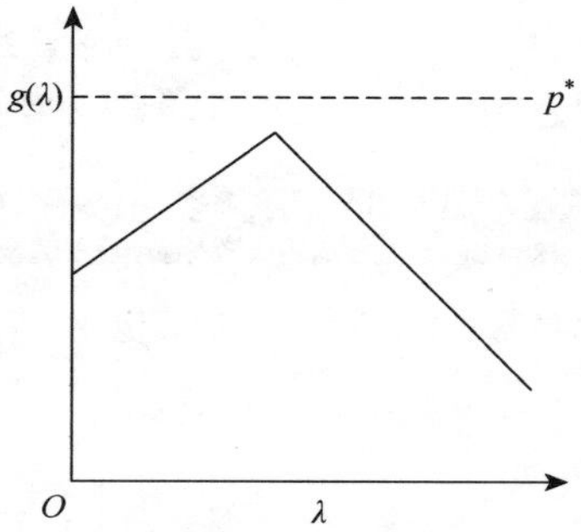

对偶函数的取值情况

共轭函数 | 给定函数 $f:\mathbb{R}^n \to \mathbb{R}$，共轭函数 f^* 为

$$f^*(y) = \sup(y^{\mathrm{T}} x - f(x))$$

Lagrange 函数和共轭函数的联系 | 给定具有等式约束的优化问题

$$\min_x f(x)$$
$$\text{s.t. } x = 0$$

√ 该问题的 Lagrange 函数为 $\mathcal{L} = f(x) + \upsilon^{\mathrm{T}} x$.

√ Lagrange 函数的对偶函数为

$$\begin{aligned} g(\upsilon) &= \inf_x (f(x) + \upsilon^{\mathrm{T}} x) \\ &= -\sup_x (-f(x) + (-\upsilon)^{\mathrm{T}}) = -f^*(-\upsilon) \end{aligned}$$

Lagrange 对偶问题 | 原问题最优值 p^* 的下界，与 λ,υ 相关，可以描述为一个新的优化问题

$$\max_{\lambda,\upsilon} \ g(\lambda,\upsilon)$$
$$\text{s.t. } \lambda \succeq 0$$

由于目标函数为凹函数，约束集合为凸集，对偶问题仍是凸优化问题；对偶问题的凸性和原问题无关；如果 (λ^*,υ^*) 为对偶问题的最优解，那么 (λ^*,υ^*) 称为最优 Lagrange 乘子.

弱对偶性 | 如果 d^* 表示 Lagrange 对偶问题的最优取值，那么不等式 $d^* \leqslant q^*$；即使原问题不是凸优化问题，该不等式依然成立.

最优对偶间隙 | $p^* - d^*$.

如果原问题很难求解，那么基于弱对偶性，可以将求解原问题转化为求解其对偶问题.

强对偶性 | 等式 $d^* = p^*$ 成立，即最优对偶间隙为零；一般情况下，强对偶性不成立；如果原问题是一个凸问题，强对偶性通常成立.

3.6.7 Lagrange 对偶的鞍点解释

对偶性的极大极小描述 | 假设优化问题没有等式约束，可以有

$$\sup_{\lambda\succeq 0}\mathcal{L}(\lambda,x)=\sup_{\lambda\succeq 0}\left(f_0(x)+\sum_{i=1}^{m}\lambda_i f_i(x)\right)$$
$$=\begin{cases} f_0(x), & f_i(x)\leqslant 0,\ i=1,\cdots,m \\ \infty, & \text{其他}\end{cases}$$

基于上式，原问题的最优值可以表示为

$$p^*=\inf_x \sup_{\lambda\succeq 0}\mathcal{L}(x,\lambda)$$

同样地，对偶问题则可以表示为

$$d^*=\sup_{\lambda\succeq 0}\inf_x \mathcal{L}(x,\lambda)$$

弱对偶性可以使用下列不等式表示

$$\sup_{\lambda\succeq 0}\inf_x \mathcal{L}(x,\lambda)\leqslant \inf_x \sup_{\lambda\succeq 0}\mathcal{L}(x,\lambda)$$

强对偶性可以使用下列等式表示

$$\sup_{\lambda\succeq 0}\inf_x \mathcal{L}(x,\lambda)= \inf_x \sup_{\lambda\succeq 0}\mathcal{L}(x,\lambda)$$

极大极小不等式 | $\forall f:\mathbb{R}^n\times\mathbb{R}^m\to\mathbb{R}$，以下不等式成立，且 $W\subseteq\mathbb{R}^n$，$Z\subseteq\mathbb{R}^m$.

$$\sup_{z\in Z}\inf_{w\in W} f(w,z)\leqslant \inf_{w\in W}\sup_{z\in Z} f(w,z)$$

如果等式成立，f 则满足鞍点性质.

鞍点 | $\forall w\in W,\ z\in Z$，下列不等式成立：

$$f(\tilde{w},z)\leqslant f(\tilde{w},\tilde{z})\leqslant f(w,\tilde{z})$$

$(\tilde{w},\tilde{z})$ 称为函数 f 的鞍点；如果 x^* 为原问题的最优点，λ^* 为对偶问题的最优点，且强对偶性成立，那么 (x^*,λ^*) 为 Lagrange 函数的鞍点.

3.6.8 最优性条件

互补松弛性 | 若优化问题的强对偶性成立，给定 x^*，(λ^*,υ^*) 为原问题和对偶问题的最优解，有

$$
\begin{aligned}
f_0(x^*) &= g(\lambda^*, \upsilon^*) \\
&= \inf_x \left(f_0(x) + \sum_{i=1}^{m} \lambda_i^* f_i(x) + \sum_{i=1}^{p} \upsilon_i^* h_i(x) \right) \\
&= f_0(x^*) + \sum_{i=1}^{m} \lambda_i^* f_i(x) + \sum_{i=1}^{p} \upsilon_i^* h_i(x) \\
&\leqslant f_0(x^*)
\end{aligned}
$$

从上式可以得知 $\sum_{i=1}^{m} \lambda_i^* f_i(x) = 0$，即 $\lambda_i^* f_i(x) = 0$，互补松弛条件可以表示为

$$
\lambda^* > 0 \Rightarrow f_i(x^*) = 0 \quad \text{或者} \quad \lambda^* < 0 \Rightarrow f_i(x^*) = 0
$$

KKT 条件 | 若优化问题的目标函数和约束函数可微，对偶间隙为零. 那么，$\mathcal{L}(x, \lambda^*, \upsilon^*)$ 在 $x = x^*$ 处取得最小值，则有

$$
\nabla f_0(x^*) + \sum_{i=1}^{m} \lambda_i^* \nabla f_i(x^*) + \sum_{i=1}^{p} \upsilon_i^* \nabla h_i(x^*) = 0
$$

因此，列出优化问题的 KKT 条件.

$$
\begin{cases}
f_i(x) \leqslant 0, \ i = 1, \cdots, m \\
h_i(x^*) = 0, \ i = 1, \cdots, p \\
\lambda_i^* \geqslant 0, \ i = 1, \cdots, m \\
\lambda_i^* f_i(x^*) = 0, \ i = 1, \cdots, m \\
\nabla f_0(x^*) + \sum_{i=1}^{m} \lambda_i^* \nabla f_i(x^*) + \sum_{i=1}^{p} \upsilon_i^* \nabla h_i(x^*) = 0
\end{cases}
$$

凸问题的 KKT 条件 | 如果原问题为凸问题，满足 KKT 条件的点也是原问题和对偶问题的最优解.

Slater 条件 | $\exists x \in \operatorname{relint} \mathcal{D}$，使得下式成立

$$
\begin{gathered}
f_i(x) < 0, \ i = 1, \cdots, m \\
Ax = b
\end{gathered}
$$

其中，$\mathcal{D}$ 为目标函数定义域，$\operatorname{relint} \mathcal{D}$ 为定义域的相对内部.

当 Slater 条件成立且原问题为凸问题时，强对偶性成立.

√ 如果凸优化问题的目标函数和约束函数可微，且满足 Slater 条件，那么 KKT 条件为该问题最优性的充要条件.

√ 在实际的情形下，求解凸问题的方法可以转换为求解其 KKT 条件的方法.

3.6.9 凸优化算法概要

无约束优化 | 优化问题的目标函数 $f:\mathbb{R}^n \to \mathbb{R}$ 二次可微，最优点满足充要条件

$$\nabla f(x^*) = 0$$

通过计算上述方程的解，得到优化问题的最优解；实际情形中，使用迭代算法获得最优解，计算数列 $x^0, x^1, \cdots, x^k$，使得 $k \to \infty$，$f(x^k) \to p^*$.

下降方法 | 该方法产生一个数列 $\{x^k\}$，$k = 1, \cdots$，满足以下的等式

$$x^{k+1} = x^k + t^k \Delta x^k$$

其中，Δx^k 为搜索方向，t^k 为第 k 次迭代的步长，下降方法的搜索方向必须满足

$$\nabla f(x^k)^{\mathrm{T}} \Delta x^k < 0$$

下降方法算法框架 | 重复以下步骤，直至满足终止条件：

√ 确定搜索方向 Δx.

√ 使用合适的搜索方法确定步长 $t > 0$.

√ 更新 x，$x := x + t\Delta x$.

梯度下降法 | 负梯度为搜索方向 $\Delta x = -\nabla f(x)$.

Newton 法 | Newton 法的搜索方向：

$$\Delta x_{\text{Newton}} = -\nabla^2 f(x)^{-1} \nabla f(x)$$

等式约束优化 | 优化问题的目标函数 $f:\mathbb{R}^n \to \mathbb{R}$ 为二次连续可微凸函数，最优点满足充要条件

$$Ax^* = b,\ A \in \mathbb{R}^{p\times n},\ \nabla f(x^*) + A^{\mathrm{T}} \upsilon^* = 0$$

等式约束优化问题可以通过以下两种方式求解：

√ 消除等式约束转化为等价的无约束优化问题.

√ 求解对偶问题，从对偶解中复原原问题最优解.

Newton 法 | 假设 KTT 矩阵非奇异，确定 Newton 方向

$$\begin{bmatrix} \nabla^2 f(x) & A^{\mathrm{T}} \\ A & 0 \end{bmatrix} \begin{bmatrix} \Delta x_{\text{Newton}} \\ w \end{bmatrix} = \begin{bmatrix} -\nabla f(x) \\ 0 \end{bmatrix}$$

其中，w 为优化问题的最优对偶变量.

内点法 | 使用内点法求解不等式约束问题，实质是使用 Newton 法求解一系列等式约束问题.

障碍法 | 顺序求解一系列等式约束或者无约束优化问题，每次使用获取的最新点作为求解下一个优化问题的起始点，该方法称为序列无约束极小化技术，也称为障碍方法，或者路径跟踪法.

第四章 数据可视化

Matplotlib 是 Python 中的一个十分强大的绘图库. 它包含了大量的工具, 你可以使用这些工具创建各种图形, 包括简单的散点图、正弦曲线, 甚至是三维图形等. Python 科学计算社区经常使用它完成数据可视化的工作.

Seaborn 是基于 Matplotlib 的科学计算数据可视化模块. 它不仅含有很多优质内置模板, 还会自动添加核密度图等统计图形. Seaborn 可以直接输入数据框 DataFrame 结构的数据进行绘图.

Basemap 是 Matplotlib 的一个子包, 负责地理数据的绘制. 它的使用方法和 Matplotlib 很相似, 也支持很多 pyplot 的方法. 在处理地理数据时, Basemap 可以与地理空间模型数据对接, 绘制出流线图等复杂的科学图形.

第一节　Matplotlib

Matplotlib 是 Python 中一个非常有名的绘图包，它能快速绘制具有印刷品质的图形，并且支持跨平台运行和交互式操作.

导入包(Matplotlib 2.1.1)

```
import matplotlib.pyplot as plt
```

图形的各元素名称如下:

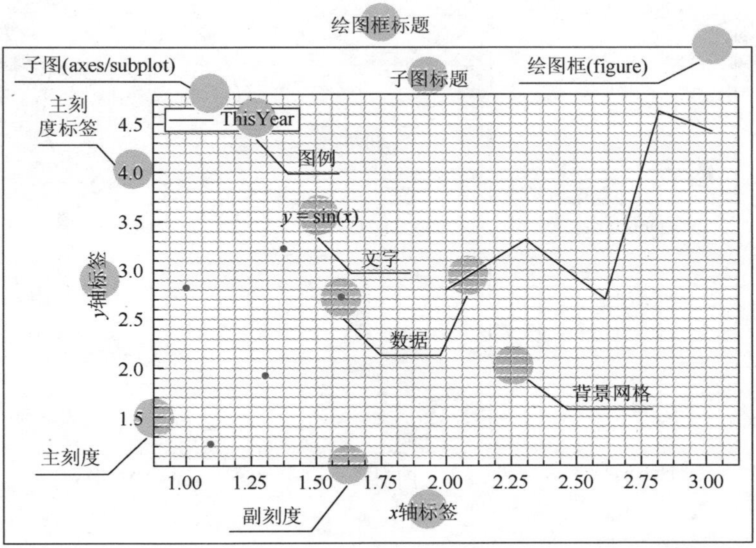

基本概念

绘图框　是图形的最高容器，所有图形必须放置在绘图框中.

子图　是绘图框中所包含的图形，即便绘图框只包含一幅图，也称之为子图.

元素　是组成子图的部件，从子图最内部的数据线条到外围的坐标轴标签等都属于元素.

4.1.1 图形样式

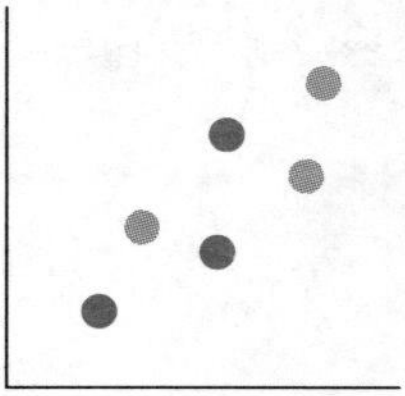
plt.scatter()

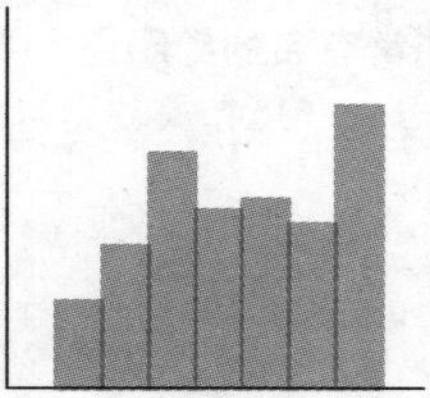
plt.hist()

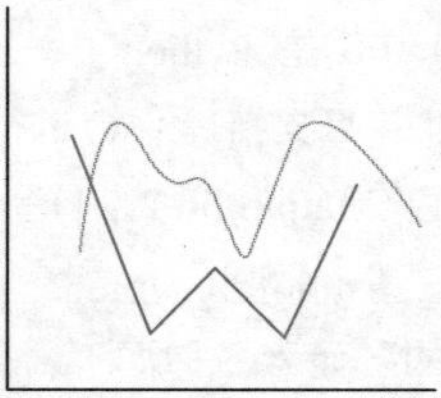
plt.plot()

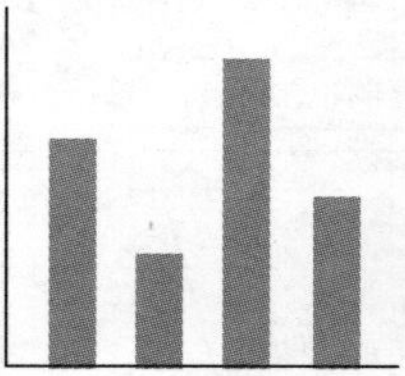
plt.bar()

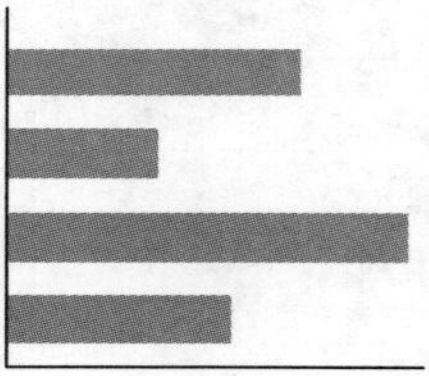
plt.barh()

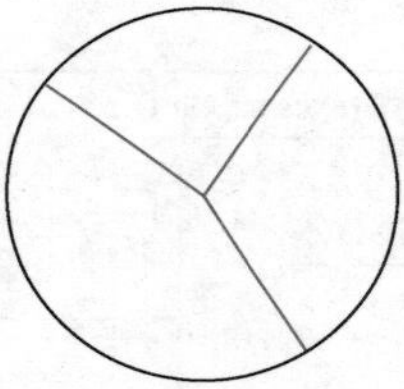
plt.pie()

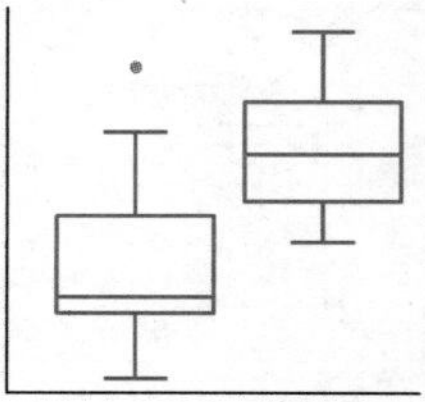
plt.boxplot()

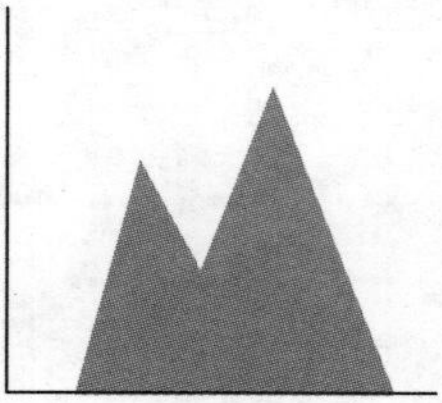
plt.fill()

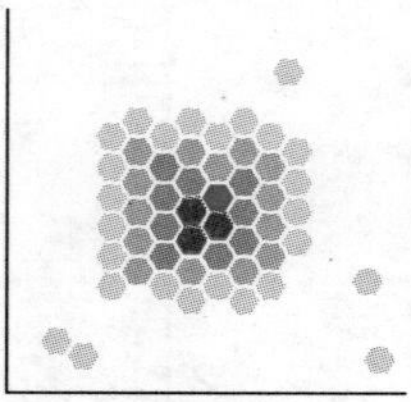
plt.hexbin()

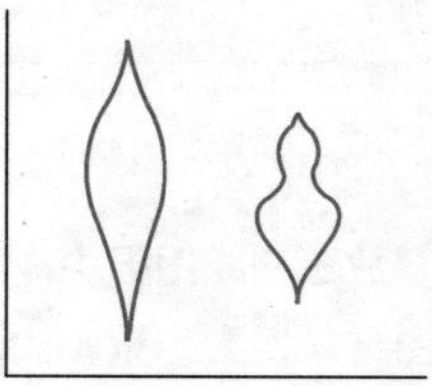
plt.violinplot()

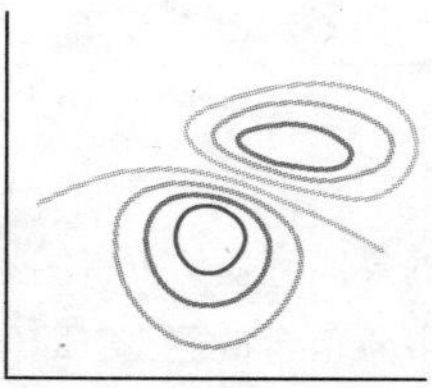
plt.contour()

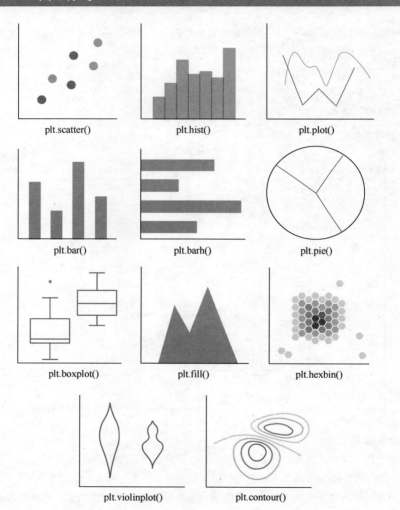

4.1.2 图形设置

小工具

plt.show() | 显示图形.

plt.savefig('fig.eps') | 保存图形.

plt.figure(figsize = (12, 8)) | 创建 12×8 的绘图框.

刻度调整

plt.xlim(0, 1) | 设置 x 轴显示范围, y 轴同理.

plt.tick_params(axis = 'x', size = 50, labelsize = 20) | 修改主刻度及其标签样式.

plt.grid(which = 'major') | 添加背景网格.

plt.xscale('log') | 设置轴比例, y 轴同理.

plt.xticks(np.arange(0, 1, 0.2)) | 修改主刻度标签范围, y 轴同理.

文字调整

plt.title('title') | 添加子图标题.

plt.legend(['ln', 'pt']) | 添加图例.

plt.xlabel('x') | 添加 x 轴标签, y 轴同理.

plt.text(1, 1, 't') | 在(1, 1)位置添加文字.

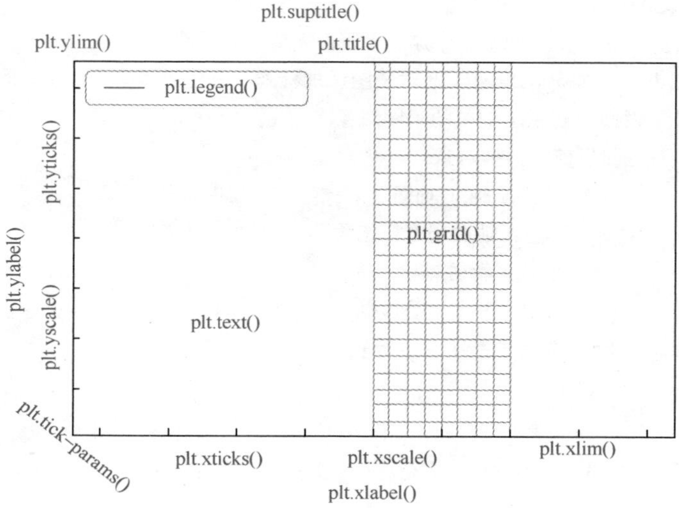

plt.annotate('t', xy = (1, 2), xytext = (3, 4), arrowprops = d) | 在子图中添加带有指向箭头的文字注释, *d* 为字典变量.

plt.suptitle('T') | 添加绘图框标题.

from matplotlib.font_manager import FontProperties

myfont = FontProperties(fname = 'FangSong.TTF')

plt.title(u'简单的正弦图形', fontproperties = myfont) | 使用中文字体.

4.1.3 高级绘图

绘制子图

plt.subplot(1, 2, 1) | 创建 1 × 2 的子图矩阵, 当前绘制第一幅子图.

plt.tight_layout() | 自动调整子图间距.

plt.subplots_adjust() | 调整子图大小.

高级操作

fig = plt.figure() | 创建绘图框并返回绘图框对象.

ax = fig.add_subplot(121) | 对创建好的绘图框对象添加 1 × 2 的子图矩阵并返回第一个子图对象.

fig, ax = plt.subplots(1, 2) | 创建 1 × 2 的子图矩阵并同时返回绘图框和两个子图对象, 其效果等于前两者之和.

ax.plot(), ax.bar(), ... | 向子图中添加图形, 其余样式同理.

ax.set_title(), ax.set_xlabel(), ... | 对子图添加标题、标签等, 其余元素同理.

plt.gca() | 返回当前绘图框中的子图对象.

plt.gcf() | 返回当前绘图框对象.

ax.invert_xaxis() | 反序 *x* 轴, *y* 轴同理.

ax.xaxis.tick_top() | 将 *x* 轴主刻度标签移动到上方, *y* 轴同理.

ax.tick_params() | 设置坐标轴刻度.

ax.set_frame_on(False) | 关闭子图边框.

ax.set_axis_off() | 关闭子图所有坐标轴.

from mpl_toolkits.mplot3d import Ax-es3D

fig = plt.figure()

ax = Axes3D(fig) | 创建 3D 子图对象.

第二节　Seaborn

Seaborn 包基于 Matplotlib 设计，很多 Matplotlib 中的函数在 Seaborn 中同样适用，如 plt.title()等. Seaborn 还提供了对 Pandas、NumPy 等数据结构的完美支持并可以绘制出独具特色并含有统计信息的高品质图形. 其核心功能包括优美的绘图模板、高级统计绘图能力及绘制时间序列数据等. 本节图中 df 均代表 DataFrame.

导入包（Seaborn 0.8.1）

```
import seaborn as sns
```

4.2.1　可视化单一特征

效果展示

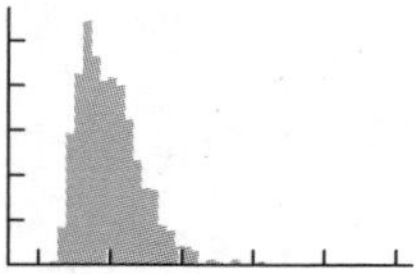

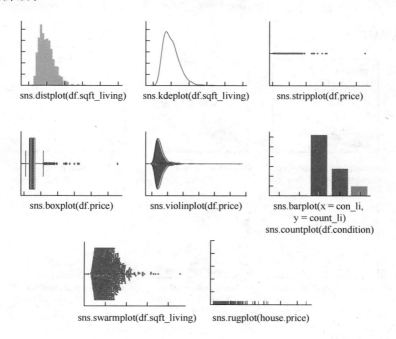

sns.distplot(df.sqft_living)

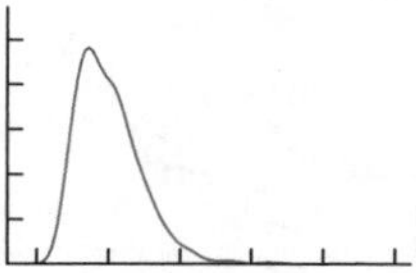

sns.kdeplot(df.sqft_living)

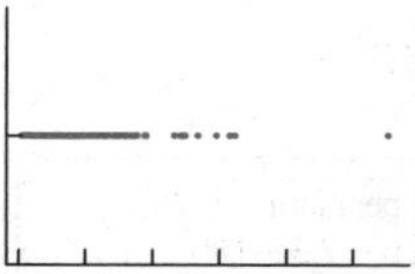

sns.stripplot(df.price)

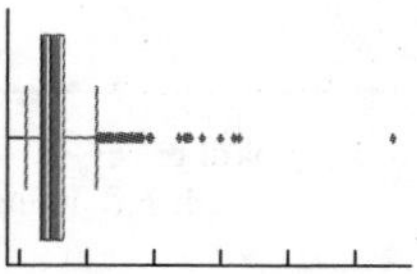

sns.boxplot(df.price)

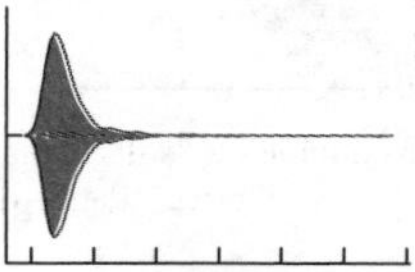

sns.violinplot(df.price)

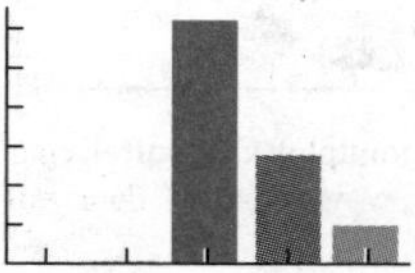

sns.barplot(x = con_li,
y = count_li)
sns.countplot(df.condition)

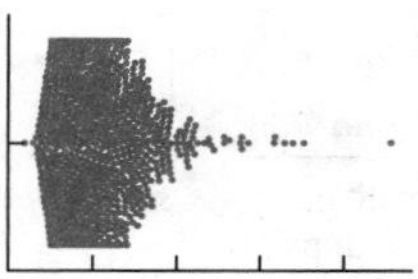

sns.swarmplot(df.sqft_living)

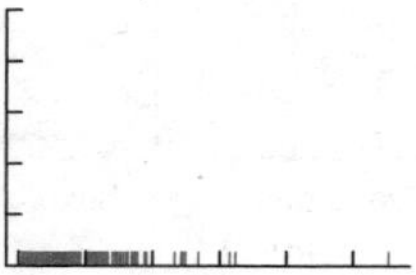

sns.rugplot(house.price)

函数说明

sns.distplot() | 连续型数据的直方分布.

sns.kdeplot() | 连续型数据的核密度分布.

sns.stripplot() | 绘制离散属性散点图, 可设置参数 jitter = True 对数据添加噪声.

sns.boxplot() | 绘制箱线图.

sns.violinplot() | 绘制小提琴图.

sns.barplot() | 绘制条形图, 需要输入每个矩形条的位置及高度.

sns.countplot() | 绘制计数图, 其可自动统计矩形条的高度, 是 barplot 的简便版本.

sns.swarmplot() | 绘制集群图, 即所有的数据点都会尽量围绕中线分布, 避免重叠.

sns.rugplot() | 绘制密度条图, 用来查看数据的一维分布, 其效果类似于 stripplot.

4.2.2 可视化两个特征

效果展示

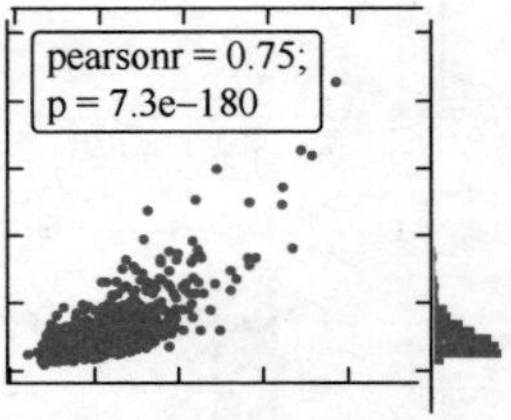

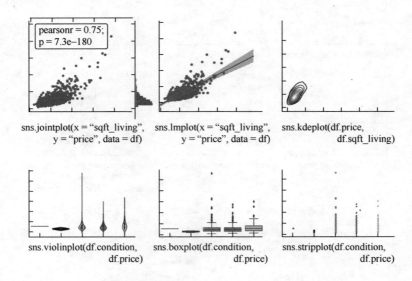

sns.jointplot(x = "sqft_living", y = "price", data = df)

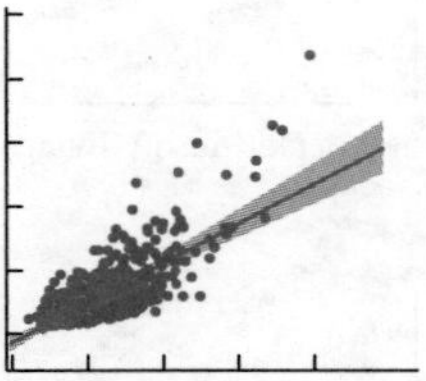

sns.lmplot(x = "sqft_living", y = "price", data = df)

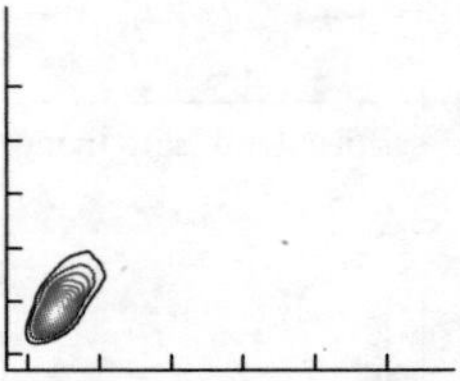

sns.kdeplot(df.price, df.sqft_living)

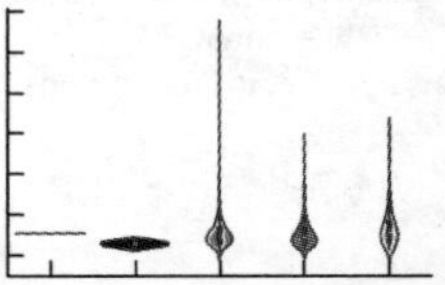

sns.violinplot(df.condition, df.price)

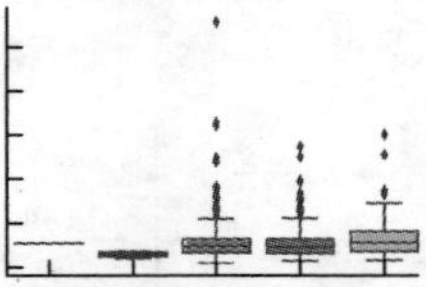

sns.boxplot(df.condition, df.price)

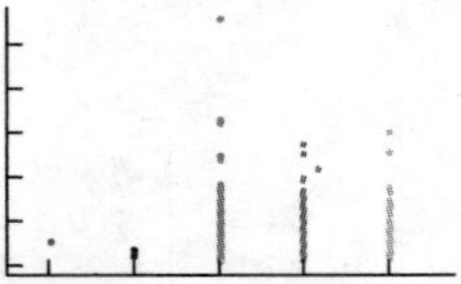

sns.stripplot(df.condition, df.price)

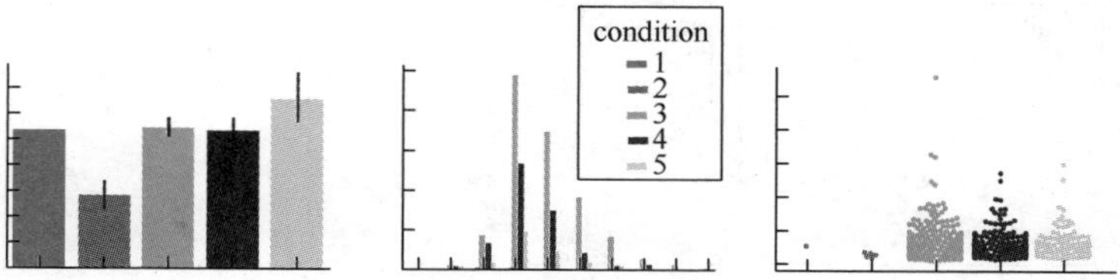

sns.barplot(df.condition, df.price)　sns.countplot(x = "grade", hue = "condition", data = house)　sns.swarmplot(df.condition, df.price)

函数说明

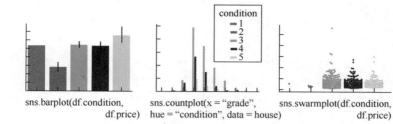

sns.jointplot() | 绘制散点图(两个连续型特征)，默认会添加两个特征的直方图.

sns.lmplot() | 绘制带有回归线的散点图(两个连续型特征).

sns.kdeplot() | 绘制二维核密度图(两个连续型特征).

sns.boxplot() | 绘制箱线图(一个为离散型特征，另一个为连续型特征).

sns.violinplot() | 绘制小提琴图(一个为离散型特征，另一个为连续型特征).

sns.barplot() | 绘制条形图(一个为离散型特征，另一个为连续型特征)并自动添加每个矩形的误差条.

sns.countplot() | 绘制计数图(两个离散型特征)，其可自动统计每个矩形条的高度.

sns.stripplot() | 绘制二维散点图(一个为离散型特征，另一个为连续型特征)，可通过其中的 jitter = True 参数对数据添加噪声.

sns.swarmplot() | 绘制集群图(一个为离散型特征，另一个为连续型特征)，即所有的数据点都会尽量围绕中线分布，避免重叠.

4.2.3 可视化多个特征

效果展示

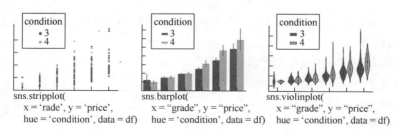

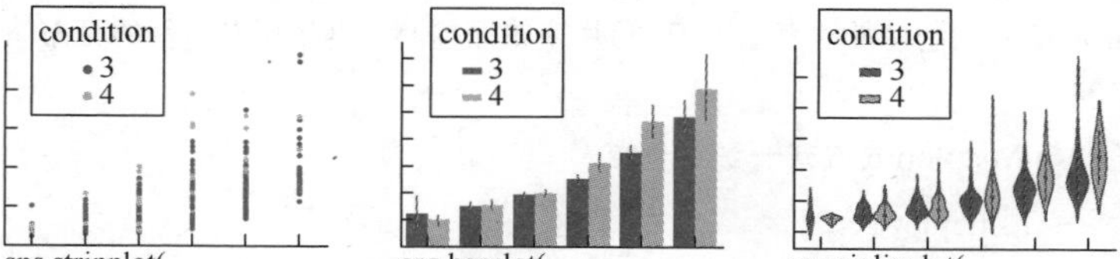

sns.stripplot(x = 'rade', y = 'price', hue = 'condition', data = df)　sns.barplot(x = "grade", y = "price", hue = 'condition', data = df)　sns.violinplot(x = "grade", y = "price", hue = 'condition', data = df)

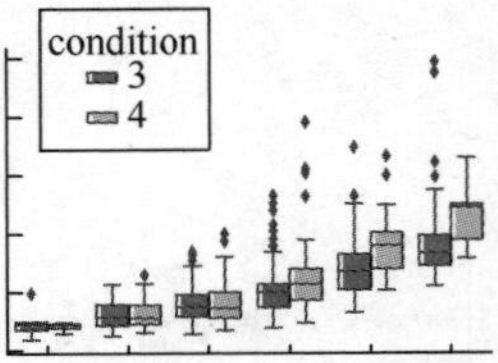

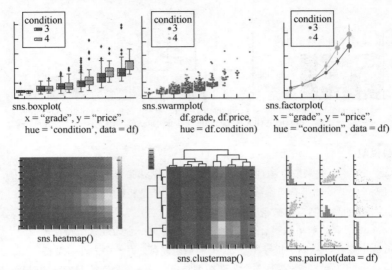

sns.boxplot(
x = “grade”, y = “price”,
hue = ‘condition’, data = df)

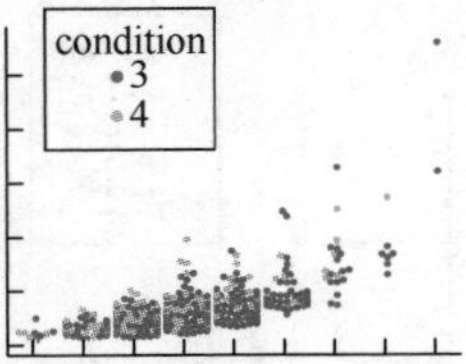

sns.swarmplot(
df.grade, df.price,
hue = df.condition)

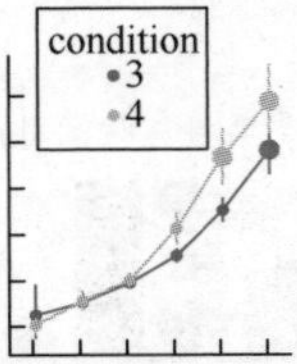

sns.factorplot(
x = “grade”, y = “price”,
hue = “condition”, data = df)

sns.heatmap()

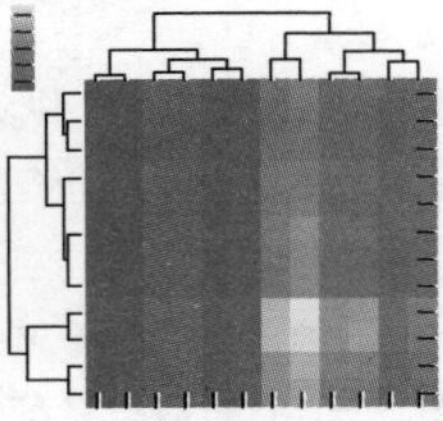

sns.clustermap()

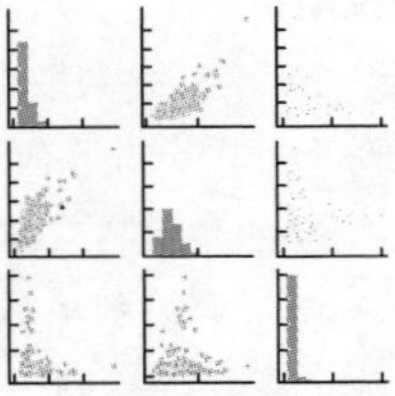

sns.pairplot(data = df)

函数说明

当添加第三个特征时可以对之前的函数添加新参数 hue，也可以使用新函数. 如果使用参数 hue，则 hue 所对应的特征类别不宜过多.

sns.stripplot() | 二维三特征散点图.

sns.barplot() | 二维三特征条形图.

sns.violinplot() | 二维三特征小提琴图.

sns.boxplot() | 二维三特征箱线图.

sns.swarmplot() | 二维三特征集群图.

sns.factorplot() | 二维三特征趋势图，默认添加误差条. 可对其添加 col 参数绘制第四特征.

sns.heatmap() | 热力图，需处理数据集格式.

sns.clustermap() | 聚类热力图，需处理数据集格式.

sns.pairplot() | 绘制特征散点图矩阵，可用来快速检测数据集所有特征的分布情况.

绘制子图

绘制子图与 Matplotlib 方式一致，例如:

```
fig, axes = plt.subplots(1, 2)
sns.distplot(df.living, ax = axes[0])
sns.distplot(df.lot, ax = axes[1])
```

4.2.4 调色盘 Palette

```
with sns.color_palette():
    sns.barplot()
```

用于临时修改绘图色彩, 它的三个参数为:

palette | 色彩模板名称, 可以是 deep、muted、pastel、bright、dark 和 color-blind, 以及任何 Matplotlib 调色盘名称.

n_colors | 指定颜色的个数, 默认为 6.

desat | 调整颜色饱和度(0 为完全灰度).

该函数结合 sns.palplot()函数使用可查看所使用调色盘的具体颜色, 用法为:

```
sns.palplot(sns.color_palette())
sns.set_palette()
```

用于修改全局调色盘样式, 其参数用法与 sns.color_palette()一致.

```
sns.reset_defaults()
```

还原所有 RC 参数, 即重置调色盘.

4.2.5 保存图形

将绘图函数赋值给变量 a 并查看该变量的类型, 如果为 AxesSubplot 类型, 则使用

```
a.get_figure().savefig('fig.eps')
```

如果为 PairGrid 类型, 则使用

```
a.savefig('fig.eps')
```

第三节 Basemap

Basemap 是 Matplotlib 包中一个非常有名的拓展工具, 可以将 Basemap 理解为有地图背景的坐标系, 因此它也可以快速地绘制矢量地图图形. Basemap 支持 Matplotlib 语法, 因此常与 Matplotlib 一起导入并大量用于科学领域绘图.

导入包(Matplotlib 1.0.7)

```
from mpl_toolkits.basemap import Basemap
import matplotlib.pyplot as plt
```

4.3.1 创建地图区域

m = Basemap()

该函数中包含以下常用可选参数:

llcrnrlon | 地图左下角经度.

llcrnrlat | 地图左下角纬度.

urcrnrlon | 地图右上角经度.

urcrnrlat | 地图右上角纬度.

width | 映射单位下的地图宽度.

height | 映射单位下的地图高度.

lon_0 | 中心点经度.

lat_0 | 中心点纬度.

llcrnrx | 左下角 x 的映射单位坐标.

llcrnry | 左下角 y 的映射单位坐标.

urcrnrx | 右上角 x 的映射单位坐标.

urcrnry | 右上角 y 的映射单位坐标.

resolution | 指定边界数据集的分辨率，其中 c、l、i、h、f 分布表示极低、低、中、高、极高.

rsphere | 定义球体投影的半径，默认为 6 370 997m.

area_thresh | 不绘制面积 (km^2) 小于指定大小的海岸线和湖泊.

projection | 映射方式，默认为 “cyl” .

如果要查看 Basemap 支持的所有映射方式，可用类变量字典 supported_projections;如果要查看每个映射方式所接受的参数，可使用类变量字典 projection_params.比较常用的投射方式有: cea、aeqd、moll、lcc、eqdc、cyl、ortho、robin 等.

4.3.2 添加地图细节

以下是添加地图细节常用的几个函数:

m.drawcoastlines() | 添加海岸线.

m.drawcountries() | 添加国界.

m.drawlsmask() | 对陆地、海洋和湖泊进行颜色填充.

m.drawstates() | 添加美国州界.

m.drawrivers() | 添加主要河流.

m.drawparallels() | 添加纬线.

m.drawmeridians() | 添加经线.

m.drawmapboundary() | 添加地图边界.

m.fillcontinents() | 对内陆填充颜色(此函数有时着色可能会不精确，推荐使用 m.drawlsmask () 函数).

m.bluemarble() | 使用 NASA 卫星作为地图背景.

m.etopo() | 使用鲜艳浮雕样式.

m.shadedrelief() | 使用暗淡浮雕样式.

m.warpimage() | 使用自定义图像作为地图背景，默认 NASA 卫星图像作为地图背景.

4.3.3　使用 shapefile 文件(可选)

如果需要添加非内置地图细节，可通过加载第三方 shapefile(地理空间矢量图) 文件的形式来添加更多地图细节. 例如，可以通过加载全国行政区域划分的 shapefile 文件来显示省(自治区、直辖市)界. 添加 shapefile 时需指定文件夹而非单个文件.

m.readshapefile() | 添加 shapefile 文件.

4.3.4　添加数据

数据映射

向地图中添加数据的第一步是要将数据映射到地图的坐标比例中，可使用以下方法:

lon1, lat1 = m(lon, lat)

添加数据

m.contour() | 绘制等高线图.

m.contourf() | 带有填充效果的等高线图.

m.imshow() | 在地图上显示自定义图像.

m.pcolor() | 绘制伪彩色图.

m.pcolormesh() | 快速绘制伪彩色图.

m.plot() | 绘制折线图.

m.scatter() | 绘制散点图.

m.streamplot() | 绘制流线图.

m.quiver() | 添加带有箭头的向量(u, v).

m.barbs() | 绘制风杆图.

m.drawgreatcircle() | 绘制大圆圈(可用来绘制流向图).

4.3.5 其他小工具

m.nightshade() | 向地图中添加日夜图，需配合 datetime 模块使用，例如:

```
from datetime import datetime
t = datetime(2018, 2, 9, 18, 00)
m.nightshade(t, delta = 0.15, color = 'k', alpha = 0.6)
```

m.drawmapscale() | 添加比例尺.

必要参数包括:

- lon/lat | 比例尺中心点的坐标.
- lon0/lat0 | 计算比例尺参考点的坐标.
- length | 比例尺在地图上对应的公里数.

可选参数包括:

- barstyle | 比例尺的风格，可以是“simple”或“fancy”.
- units | 距离单位，默认为 km.
- fontsize | 更改字体大小.
- fontcolor | 更改字体颜色.
- yoffset | 控制比例尺的高度.
- fillcolor1/fillcolor2 | 比例尺的风格为“fancy”时设置比例尺的交替颜色.
- format | 设置比例尺上的数字格式.

m.tissot() | 添加天梭指标球(用来观察地图映射时产生的形变).

m.colorbar() | 向地图添加色彩条.

plt.annotate() | 使用 plt 的方法添加注释.

plt.txt() | 使用 plt 的方法添加文字.

其余 plt 方法也可使用，如 plt.title()、plt.xlabel()、plt.savefig()、plt.show() 等.

第五章　机 器 学 习

特征工程(feature engineering)是将原始数据转换成特征的过程，这些特征能够很好地描述原始数据，或者使机器学习模型性能达到最优．特征工程往往需要耗费大量时间，且需要领域内专业知识．“数据和特征决定了机器学习的上限，模型和算法只是逼近这个上限.”虽然这句话比较夸张，但是体现了特征工程的重要意义．

机器学习是将原始数据转换成智慧的过程，也可以描述为通过一系列的算法自动识别数据中的模式，并利用这个模式对未来的数据进行预测或者作其他决策的过程．

Scikit-learn(简称 Sklearn)是基于 NumPy、Scipy 和 Matplotlib 的开源 Python 机器学习包，它封装了一系列数据预处理、机器学习算法、降维、模型选择、超参数调优等工具，是数据分析师、数据科学家首选机器学习工具包，也是一项必备的机器学习技能．

PyTorch 是基于 Python 的开源深度学习框架，它包括了支持图形处理器(graphical processing unit, GPU)计算的 Tensor 模块及自动求导等先进的模块，是最流行的动态图框架．它从 2017 年初开源后，因灵活性受到了广泛的关注，是高校深度学习研究人员使用的主要编程框架，并且已经广泛使用在企业界的各大工程项目中．

第一节 特 征 工 程

特征工程是将原始数据转换成特征的过程，这些特征能够很好地描述原始数据，或者使机器学习模型性能达到最优.

符号标记

X_train | 训练数据.

X_test | 测试数据.

y_train | 训练集标签.

y_test | 测试集标签.

涉及包

Scikit-learn(0.19.1)

Scipy(0.19.0)

minepy(1.2.2)

5.1.1 主要内容

数据预处理 | 将原始数据转换成可作为模型输入的数值型特征，包括数据标准化、离散化、特征编码等过程，也有人将特征选择和降维归并在数据预处理之中. 请时刻谨记 Garbage In, Garbage Out.

特征选择 | 从原始特征全集中选择与目标特征相关的特征子集.

降维(特征提取) | 减少特征数量的过程，包括特征选择和特征提取，这里特指通过降维算法将多个原始特征进行组合得到新特征的特征提取过程，如主成分分析、线性判别分析等.

特征学习 | 利用机器学习算法或模型自动抽取特征的过程，如自编码器，并且大部分降维算法属于无监督特征学习算法.

5.1.2 数据预处理

```
from sklearn import preprocessing
```

方式 1 使用转换函数

```
X_scaled = preprocessing.scale(X_train)
```

方式 2 使用转换器接口(Transformer API)

```
scaler = preprocessing.StandardScaler()
scaler.fit(X_train)
X_train_scaled = scaler.transform(X_train)
```

```
scaler.fit_transform(X_train)
```

使用拟合-转换(fit + transform)一步到位的方法.

```
X_test_scaled = scaler.transform(X_test)
```

对测试数据做相同预处理.

标准化

```
from sklearn.preprocessing import StandardScaler
scaler = StandardScaler()
scaler.fit_transform(X_train)
```

方法名称	对应函数
Z-score 标准化	StandardScaler
最小最大标准化	MinMaxScaler
稀疏数据标准化	MaxAbsScaler RobustScaler
带离群值的标准化	QuantileTransformer RobustScaler

归一化

```
from sklearn.preprocessing import Normalizer
scaler = Normalizer()
scaler.fit_transform(X_train)
```

二值化

```
from sklearn.preprocessing import Binarizer
binarizer = Binarizer(threshold = 0.0)
binarizer.fit_transform(X_train)
```

One-Hot 编码

```
from sklearn.preprocessing import OneHotEncoder
encoder = OneHotEncoder(sparse = False)
encoder.fit_transform(X_train)
```

特征取值必须为 float 类型或者 int 类型，不支持 string 类型.

目标特征编码

```
from sklearn.preprocessing import LabelEncoder
encoder = LabelEncoder()
encoder.fit_transform(y_train)
```

方法名称	对应函数
二值化(产生多个二元特征)	LabelBinarizer
标签编码(不产生多个特征)	LabelEncoder
多标签二值化	MultiLabelBinarizer

缺失值填补

```
from sklearn.preprocessing import Imputer
imp = Imputer(strategy = 'mean', axis = 0)
imp.fit_transform(X_train)
```

数据白化

```
from sklearn.decomposition import PCA
pca = PCA(2, whiten = True)
pca.fit_transform(X_train)
```

5.1.3 多项式特征生成与自定义转换

多项式特征生成

```
from sklearn.preprocessing import PolynomialFeatures
poly = PolynomialFeatures(degree = 2)
poly.fit_transform(X_train)
```

基于特征集合 $\{X_1, X_2\}$，将产生新的特征集合 $\{1, X_1, X_2, X_1^2, X_1X_2, X_2^2\}$.

自定义转换

```
from sklearn.preprocessing import FunctionTransformer
transformer = FunctionTransformer(np.log1p)
transformer.transform(X_train)
```

将所有数据进行对数转换.

5.1.4 特征选择

```
from sklearn import feature_selection as fs
```

过滤式(filter)

按照特征与目标特征的相关性对各个特征进行评分，设定阈值或者待选择阈值的个数选择特征.

fs.VarianceThreshold(threshold) | 方差阈值过滤，去除特征全集中方差较小的特征.

fs.SelectKBest(score_func, k) | 保留得分排名前 k 的特征(top k 方式).

fs.SelectPercentile(score_func, percentile) | 保留得分排名前 k%个特征(top k%方式)，即最终保留特征的比例为 k%.

```
from sklearn.feature_selection import SelectKBest, f_regression
filter = SelectKBest(f_regression, k = 10)
filter.fit_transform(X_train, y_train)
```

使用 F 检验值对各个特征进行排名，并最终保留排名前 10 的特征作为最终的特征子集.

预测任务	评分指标	评分函数
分类问题	卡方检验	chi2
	ANOVA F 值	f_classif
	互信息 MI	mutual_info_classif
回归问题	F 检验值	f_regression
	互信息 MI	mutual_info_regression

以下函数可以计算特征与目标特征的相关性，但是不能够作为评分函数，需要进行转换.

scipy.stats.pearsonr() | 皮尔逊相关系数.

minepy.MINE().mic() | 最大信息系数(maximal information coefficient, MIC).

封装式(wrapper)

根据模型的评价指标，每次选择若干特征，或者排除若干特征，包括序列向前搜索(sequential forward selection, SFS)、序列向后搜索(sequential backward selection, SBS)等搜索方法，特征选择与最终的模型构建是两个独立的过程.

fs.RFE(estimator, n_features_to_select) | 递归特征消除法，得到指定特征个数的特征子集.

fs.RFECV(estimator, scoring = 'r2') | 结合交叉验证的递归特征消除法，得到特征子集的最优特征个数.

嵌入式(embedded)

使用某些机器学习的算法(带正则化的线性模型、决策树及基于决策树的集成模型)和模型自动进行特征选择，特征选择与模型评价融合在同一过程中.

fs.SelectFromModel(estimator) | 从模型中自动选择特征，任何具有 coef_或者 feature_importances_的基模型都可以作为 estimator 参数传入.

基模型	估计函数
逻辑回归	linear_model.LogisticRegression
	linear_model.LogisticRegressionCV
LASSO	linear_model.Lasso
	linear_model.LassoCV
支持向量机	svm.LinearSVC
	svm.LinearSVR
随机森林	ensemble.RandomForestRegressor
	ensemble.RandomForestClassifier

注: LASSO——least absolute shrinkage and selection operator，套索

示例

```
tree = RandomForestRegressor(n_estimators = 100)
embeded = SelectFromModel(tree)
embeded.fit_transform(X_train, y_train)
```

5.1.5 降维(特征提取)

```
from sklearn import decomposition, manifold
```

主成分分析 | 通过线性投影，将高维的数据映射到低维的空间中，目标是最大化重构后方差.

```
from sklearn.decomposition import PCA
pca = PCA(n_components = 2)
pca.fit_transform(X_train)
```

线性判别分析 | 利用数据的类别信息，将高维的样本线性投影到低维空间中，使数据样本在低维空间中的类别区分度最大，即使相同类样本尽可能近，不同类样本尽可能远.

```
from sklearn.discriminant_analysis import LinearDiscriminantAnalysis
lda = LinearDiscriminantAnalysis(n_components = 2)
```

```
lda.fit_transform(X_train, y_train)
```

多维尺度变换 | 找到数据的低维表示，使降维前后样本之间的相似度信息（如距离信息）尽量得以保留.

```
from sklearn.manifold import MDS
mds = MDS(n_components)
mds.fit_transform(X_train)
```

其他降维方法	对应的 **sklearn** 的类
核主成分分析	decomposition.KernelPCA
局部线性映射	manifold.LocallyLinearEmbedding
等度量映射	manifold.Isomap
t-SNE	manifold.TSNE
拉普拉斯映射	manifold.SpectralEmbedding

5.1.6　流水线处理

```
from sklearn.pipeline import Pipeline
model = Pipeline([
    ('step1', StandardScaler()),
    ('step2', SelectFromModel(Lasso(alpha = 5))),
    ('step3', RandomForestRegressor(100))
])
model.fit(X_train, y_train)
```

将数据预处理、特征选择、模型构建过程通过一个流水线串联起来.

第二节　机器学习建模

机器学习是将原始数据转换成智慧的过程，也可以描述为通过一系列的算法自动识别数据中的模式，并利用这个模式对未来的数据进行预测或者做其他决策的过程.

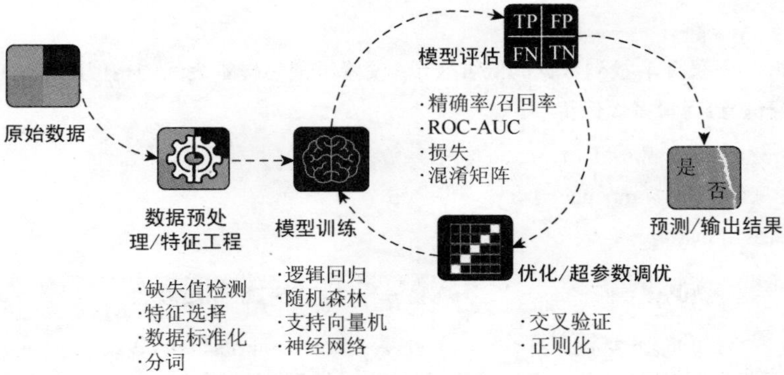

5.2.1 数据预处理

缺失值处理 | 数据缺失是指在数据采集、传输和处理等过程中，某些原因导致数据不完整的情况. 缺失值处理包括删除法和填补法.

特征编码 | 将原始数据转换成可作为模型输入的数值型特征.

数据标准化 | 减小特征之间量纲差异的影响，包括 Z-score 标准化、0-1 标准化、Logistic 标准化等.

特征离散化 | 为了提高算法精度或满足模型输入要求，将连续型特征转换成离散型特征的过程，主要包括等距离散化和等频离散化等.

离群值检测 | 离群值也称异常值，是指数据集中那些明显偏离数据集中其他样本的值，离群值检测可以提高数据质量，也可以应用在信用欺诈检测、疾病分析和计算机安全诊断等中.

特征选择 | 从原始特征全集中选择与目标特征相关的特征子集，包括过滤式、嵌入式、封装式三种方法.

不平衡处理 | 不平衡是指数据集中各类样本数量不均衡的情况. 常用不平衡处理方法有欠采样、过采样和综合采样的方法.

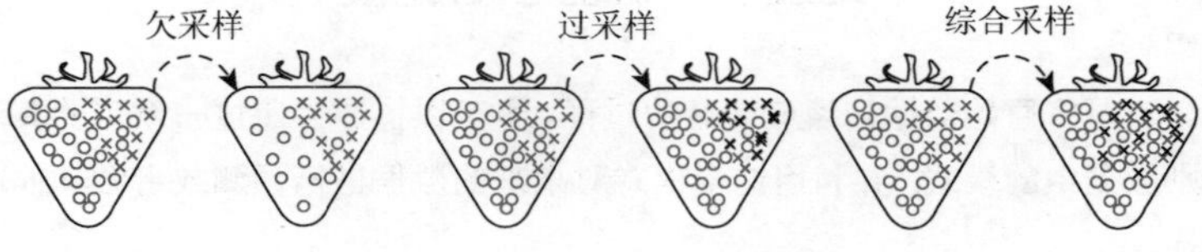

5.2.2 回归模型

一元线性回归 | 有监督学习模型，是最简单的回归模型. 只由单个特征对被解释特征进行解释和预测，表示两者之间有一对一的关系.

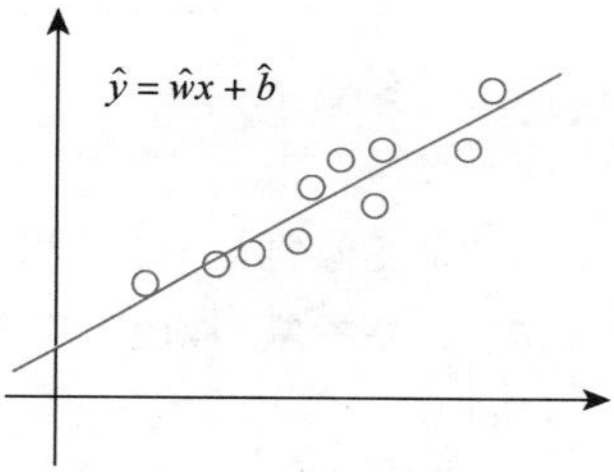

多元线性回归 | 有监督学习模型，是对一元线性回归的拓展，从单个特征变为多个特征的线性组合，增加对被解释特征预测的因素.

逻辑回归 | 用于分类，表征特征 x 与 y 的关系，通过在简单线性回归上增加逻辑斯谛函数得到近似概率预测.

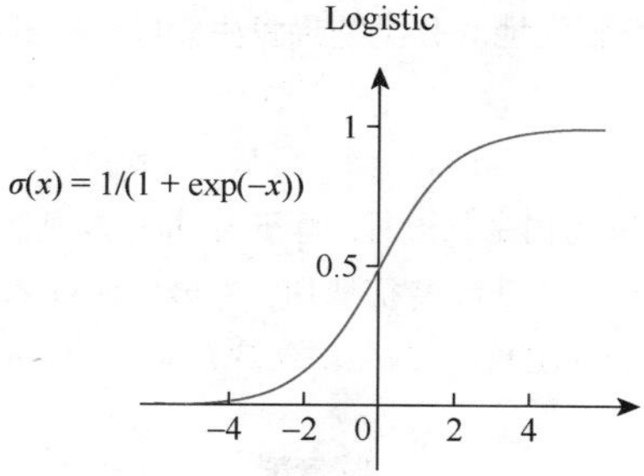

岭回归 | 带有二阶范数惩罚项的线性回归算法. 通过在损失函数上增加惩罚项，岭回归可以解决特征之间的多重共线性问题，同时放弃了最小二乘法的无偏一致性，是一种有偏估计.

LASSO | 又称套索回归，是一种带有一阶范数惩罚项的线性回归算法，是有偏估计. 通过设置一阶范数惩罚项，LASSO 可以迫使特征的系数收缩到零，增加系数矩阵的稀疏性，从而达到自动选择特征的目的.

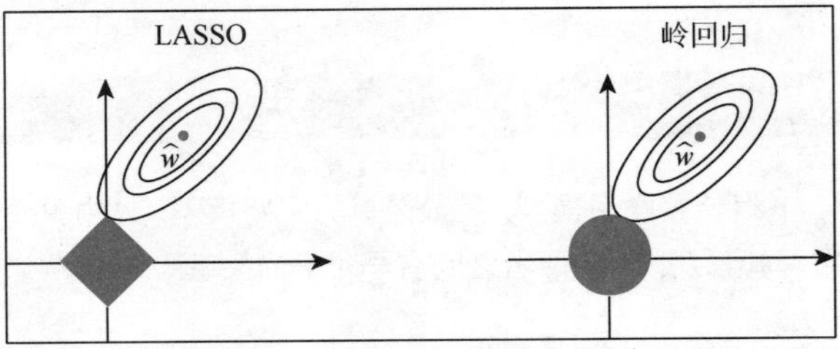

5.2.3 分类模型

K 近邻(KNN) | 找到与预测样本最相似的 K 个训练样本，根据这 K 个样本的类别进行投票或根据相似程度进行加权投票，以确定测试样本的类别.

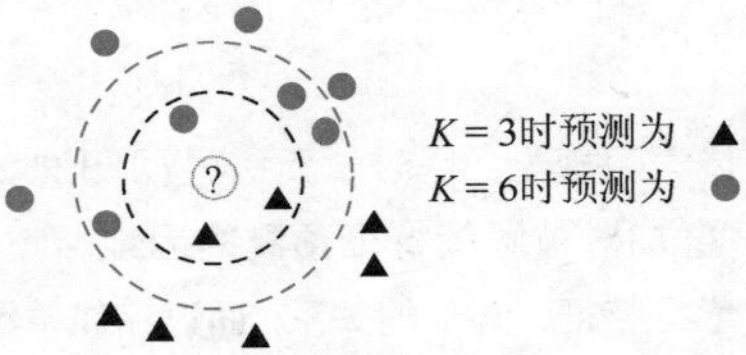

朴素贝叶斯 | 在概率框架下实施决策的基本方法，采用基于“条件独立性”的朴素假设，即每个特征独立地对分类结果发生影响，利用贝叶斯公式对样本进行预测.

$$\rho(Y\mid X)=\rho(X\mid Y)\rho(Y)/\rho(X)$$

决策树 | 模拟由根到叶的树生长过程. 基于 if-then 规则，以最大程度减少不纯度为目标，不断选择分裂特征和特征取值，并最终对样本进行预测. 不纯度度量方式主要包括信息增益(ID3)、信息增益率(C4.5)和 Gini 指数(CART).

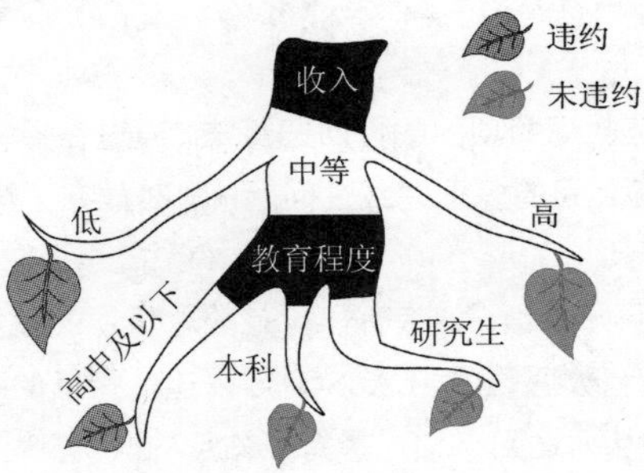

支持向量机 | support vector machine, SVM. 通过使用最大分类间隔来设计决策最优的划分超平面，以获得良好的泛化性能. 支持向量机通过核函数的方法将低维数据映射到高维空间，从而能够处理低维空间中线性不可分的数据. 主要应用在文本识别、文本分类、人脸识别等问题中.

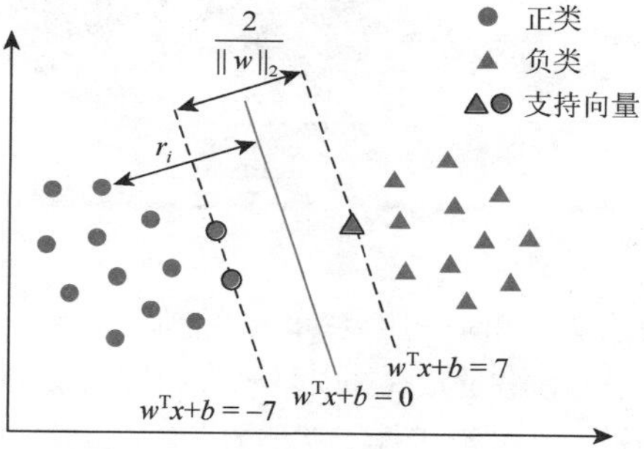

神经网络 | nerual network, NN. 模拟大脑通过互相连接的神经元传递信息的行为模式，由输入层、多个隐层和输出层构成. 深度学习即主要研究多层(深)神经网络的模型及其应用.

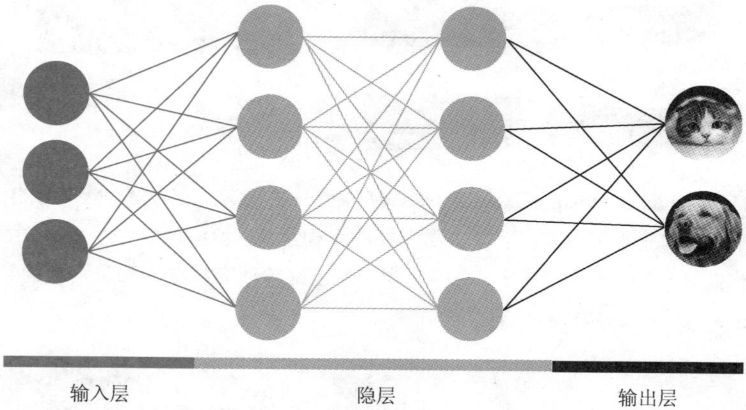

5.2.4 集成模型

随机森林 | 由多棵决策树形成的"森林"，是监督学习的提升模型. 森林中的每棵树都是基于随机抽取的样本和特征，独立训练出来的模型，随机森林就像

是由很多个专家组成的团队, 团队中的每个专家擅长不同的领域, 进行分类或者回归时, 就由这些专家投票进行表决.

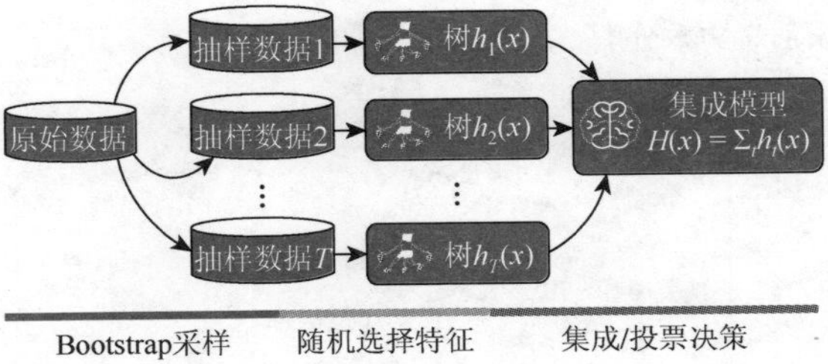

AdaBoost | 核心思想是利用同一训练样本的不同加权版本, 训练一组弱分类器, 然后把这些弱分类器以加权的形式集成起来, 形成一个最终的强分类器. 在训练过程中提高错分样本的权重, 而弱分类器的权重则由其加权错误率决定.

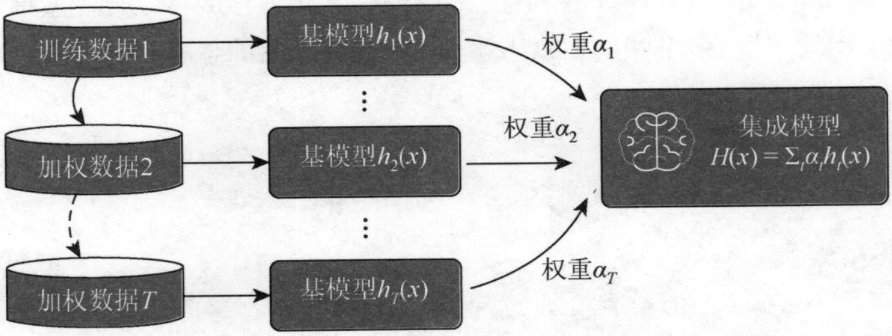

GBDT | gradient boosting decision tree, 梯度提升决策树, 又叫 MART、GBRT, 是一种迭代的决策树算法, 该算法由多棵决策树组成, 最终的结论由所有树的结论累加. GBDT 的核心在于, 每棵树学习的是之前所有树结论和真实值的残差, 这是 XGBoost 的核心.

5.2.5 聚类模型

K-means | 目标是将n个样本划分到K个簇中, 其中每个样本归属于距离自己最近的簇. 其一般过程为: 随机选择 K 个样本作为质心, 把每个样本指派到最近的质心, 形成K个簇, 再重新计算每个簇的质心, 不断迭代这个过程, 直到质心不发生变化.

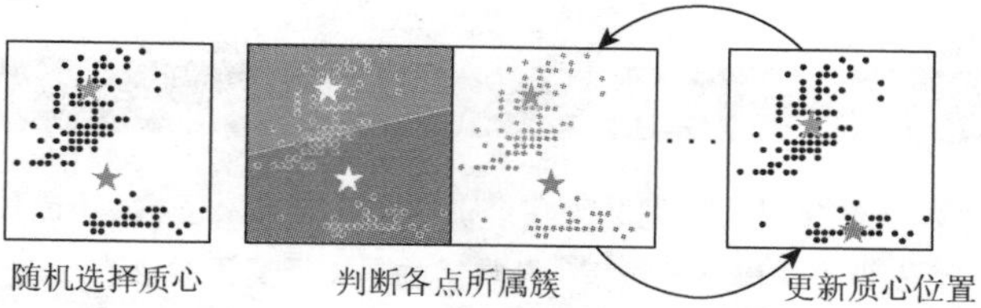

层次聚类 | 在不同层级上对样本进行聚类，逐步形成树状的结构，是一种启发式的策略. 它包括自下而上的聚合方法和自上而下的分拆方法，这两种方法都以样本两两之间的距离(距离矩阵)作为输入.

DBSCAN | 基于密度的空间聚类算法，该算法将具有足够密度(大于某一阈值)的区域划分为一个簇，并可以在具有噪声的空间中发现任意形状的簇，并且无须事先指定簇的个数.

5.2.6 降维

主成分分析 | principal component analysis, PCA. 将具有一定相关性的多个特征化简为少数几个综合特征的线性降维方法. 在原始数据的基础上，利用主成分分析经过线性变换和舍弃部分信息，可以找出由若干特征组合而成的综合特征，即若干个主成分. 而这些主成分能在很大程度上反映原来特征的信息，并且彼此间相互独立.

线性判别分析 | linear discriminant analysis, LDA. 将高维数据空间样本投影到最佳鉴别向量空间，以达到能够抽取分类信息和压缩特征空间维数的效果，投影后能够保证样本在新的子空间中有最大的类间距离和最小的类内距离.

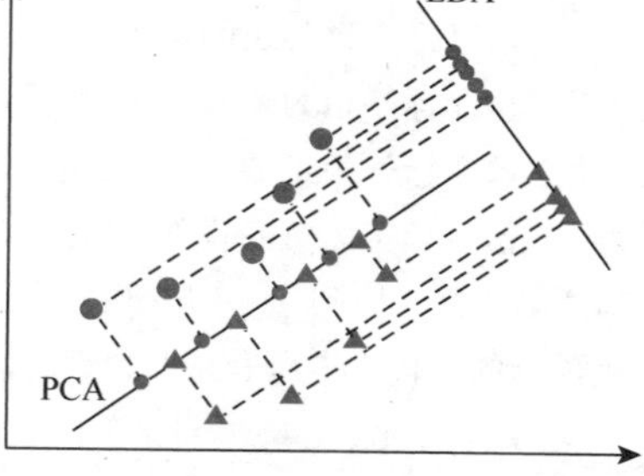

局部线性嵌入 | locally linear embedding, LLE. 基于流形的非线性降维方法，其目的是将数据降维到低维空间的同时，保留局部空间内样本之间的线性关系.

5.2.7 模型评估

交叉验证 | 将训练集进一步划分为多个训练集和验证集子集，不断使用验证集评估模型，并作为优化模型的依据，最常用的是 k 折交叉验证.

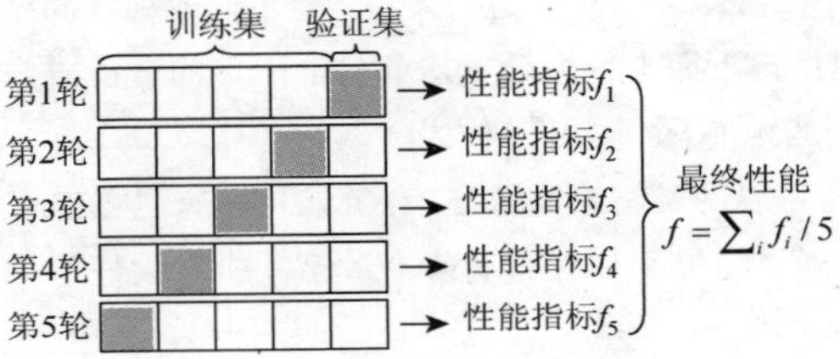

分类模型评价

混淆矩阵 | 真实标签与预测标签之间比较的矩阵，包括真正样本(true positive, TP)、真负样本(true negative, TN)、假正样本(false positive, FP)和假负样本(false negative, FN).

真实 / 预测	正类	负类
正类	TP	FP
负类	FN	TN

真正样本 | 真实标签为正，预测标签也为正的样本(数量).

真负样本 | 真实标签为负，预测标签也为负的样本(数量).

假正样本 | 真实标签为负，预测标签为正的样本(数量).

假负样本 | 真实标签为正，预测标签为负的样本(数量).

正确率(accuracy) | 正确预测的样本比例.

精确率(precision) | 正确预测的正样本占所有预测为正样本的比例.

$$\text{accuracy} = \frac{\text{TP} + \text{TN}}{\text{TP} + \text{TN} + \text{FP} + \text{FN}}, \quad \text{precision} = \frac{\text{TP}}{\text{TP} + \text{FP}}$$

召回率(recall) | 又称灵敏度和命中率，指正样本中被正确预测的比例.

特异度(specificity) | 正确预测的负样本占所有预测为负样本的比例，可以理解成负样本的召回率.

$$\text{recall} = \frac{\text{TP}}{\text{TP}+\text{FN}}, \quad \text{specificity} = \frac{\text{TN}}{\text{TN}+\text{FP}}$$

F 值 | 综合考虑精确率和召回率的指标，常用精确率和召回率的调和平均数 F_1 值.

$$F_\beta = \frac{(1+\beta^2)\text{precision} \times \text{recall}}{\beta^2 \times \text{precision} + \text{recall}}$$

$$F_1 = \frac{2 \times \text{precision} \times \text{recall}}{\text{precision} + \text{recall}}$$

假正率 | false positive rate, FPR. 预测错误的负样本占所有负样本的比例.

真正率 | true positive rate, TPR. 相当于召回率.

$$\text{FPR} = \frac{\text{FP}}{\text{TN}+\text{FP}}, \quad \text{TPR} = \frac{\text{TP}}{\text{TP}+\text{FN}}$$

ROC 曲线 | receiver operating characteristic curve，接收者操作特征曲线，是一条横坐标为假正率(FPR)，纵坐标为真正率(TPR)的曲线，用于直观地分析分类器的性能. 通常使用 ROC 曲线下面积(area under curve, AUC)值评价分类器性能.

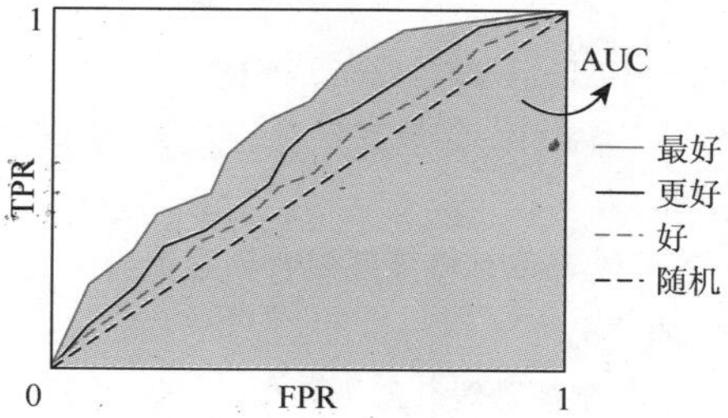

回归模型评价

均方误差 | mean square error, MSE，真实值与预测值差的平方的期望.

均方根误差 | root mean square error, RMSE，均方误差的算术平方根.

决定系数 | 常用回归模型评价指标，越接近于 1，回归效果越好，总平方和 $\text{SS}_{\text{tot}} = \sum_{i=1}^{n}(y_i - \overline{y})^2$，残差平方和 $\text{SS}_{\text{res}} = \sum_{i=1}^{n}(y_i - \hat{y}_i)^2$.

$$\text{MSE}(y, \hat{y}) = \frac{1}{n}\sum_{i=1}^{n}(y_i - \hat{y}_i)^2$$

$$\text{RMSE} = \sqrt{\text{MSE}}$$

$$R^2(y, \hat{y}) = 1 - \frac{\text{SS}_{\text{res}}}{\text{SS}_{\text{tot}}}$$

损失函数 | 用于衡量模型的预测值 $f(x)$ 与真实值 y 的不一致程度，它是一个非负实值函数，通常使用 $L(y, f(x))$ 来表示，损失函数值越小，模型的鲁棒性越强. 不同的模型，其选择的损失函数不同，在数学优化问题中试图最小化损失函数.

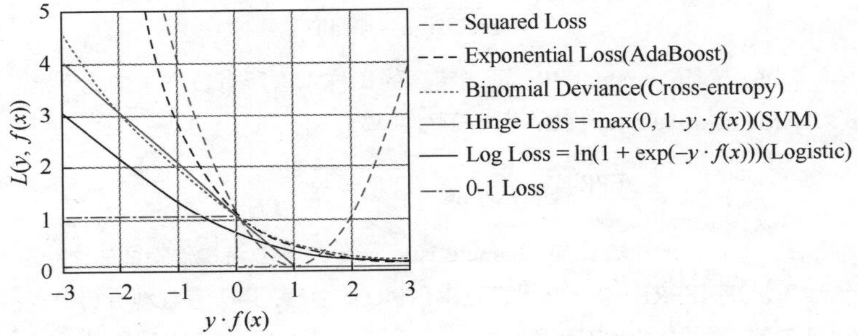

梯度下降 | 也称为最速下降法，是求解无约束优化问题最简单方法之一，常用随机梯度下降法(stochastic gradient descent, SGD).

过拟合 | 模型训练误差非常小，但是其泛化能力很差，这种现象称为过拟合，主要原因是模型过于复杂.

欠拟合 | 模型过于简单或者没有将模型拟合到最优导致的模型在训练和测试数据上的误差都较大的情况.

正则化 | 防止过拟合，限制模型复杂度，如 ℓ_1 正则化，ℓ_2 正则化.

误差 | 衡量模型效果，包括偏差、方差和噪声三个部分.

偏差 | 训练模型的样本的预测误差，也就是模型对已被观测的样本的预测效果，代表了模型依靠自身能力进行预测的平均程度.

方差 | 对未被观测且与被观测样本来自同一分布的样本的预测效果，即模型在不同训练集上表现出来的差异程度.

偏差方差均衡 | 偏差和方差通常两者是此消彼长的关系，偏差小则方差大，易产生过拟合，偏差大则方差小，有可能产生欠拟合，好的模型应该尽量使两者都较小.

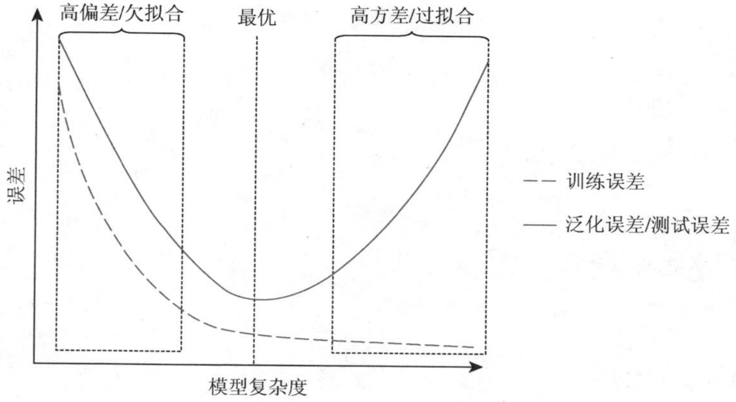

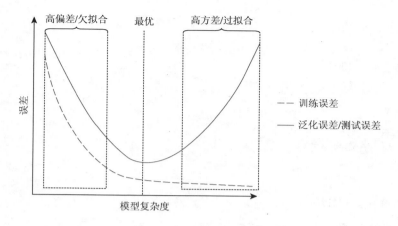

第三节 Scikit-learn

Scikit-learn (0.19.1) 是基于 NumPy、Scipy 和 Matplotlib 的开源 Python 机器学习包，它封装了一系列数据预处理、机器学习算法、模型选择等工具，是数据分析师首选的机器学习工具包.

符号标记

X_train | 训练数据.

X_test | 测试数据.

X | 完整数据.

y_train | 训练集标签.

y_test | 测试集标签.

y | 数据标签.

5.3.1 基本建模流程

1) 导入工具包

```
from sklearn import datasets, preprocessing
from sklearn.model_selection import train_test_split
from sklearn.linear_model import LinearRegression
from sklearn.metrics import r2_score
```

2) 加载数据

```
boston = datasets.load_boston()
X = boston.data
y = boston.target
```

3）训练集-测试集划分

```
X_train, X_test, y_train, y_test = train_test_split(X, y, test_size = 0.3)
```

4）数据预处理

```
scaler = preprocessing.StandardScaler().fit(X_train)
X_train = scaler.transform(X_train)
X_test = scaler.transform(X_test)
```

5）模型构建与拟合

```
lr = LinearRegression()
lr.fit(X_train, y_train)
```

6）模型预测与评价

```
y_pred = lr.predict(X_test)
r2_score(y_test, y_pred)
```

5.3.2 加载数据

√ Scikit-learn 支持以 NumPy 的 arrays 对象、Pandas 对象、Scipy 的稀疏矩阵及其他可转换为数值型 arrays 的数据结构作为其输入，前提是数据必须是数值型的.

√ sklearn.datasets 模块提供了一系列加载和获取著名数据集如鸢尾花、波士顿房价、Olivetti 人脸、MNIST（mixed national institute of standards and technology database）等的工具，也包括了一些 toy data 如 S 型数据等的生成工具.

```
from sklearn.datasets import load_iris
iris = load_iris()
X = iris.data
y = iris.target
```

5.3.3 训练集-测试集划分

```
from sklearn.model_selection import train_test_split
X_train, X_test, y_train, y_test = train_test_split(X, y, random_state = 12, stratify = y,
test_size = 0.3)
```

将完整数据集的 70%作为训练集，30%作为测试集，并使得测试集和训练集中各类别数据的比例与原始数据集比例一致（stratify 分层策略），另外可通过设置 shuffle = True 提前打乱数据.

5.3.4 数据预处理

使用 Scikit-learn 进行数据标准化.

from sklearn.preprocessing import StandardScaler

1) 构建转换器实例

scaler = StandardScaler()

2) 拟合及转换

scaler.fit_transform(X_train)

部分数据预处理方法	对应的 sklearn 的类
最小最大标准化	MinMaxScaler
One-Hot 编码	OneHotEncoder
归一化	Normalizer
二值化(单个特征转换)	Binarizer
标签编码	LabelEncoder
缺失值填补	Imputer
多项式特征生成	PolynomialFeatures

5.3.5 特征选择

from sklearn import feature_selection as fs

fs.SelectKBest(score_func, k) | 过滤式, 保留得分排名前 *k* 的特征(top *k* 方式).

fs.RFECV(estimator, scoring = 'r2') | 封装式, 结合交叉验证的递归特征消除法, 自动选择最优特征个数.

fs.SelectFromModel(estimator) | 嵌入式, 从模型中自动选择特征, 任何具有 coef_ 或者 feature_importances_ 的基模型都可以作为 estimator 参数传入.

5.3.6 有监督学习算法

回归

from sklearn.linear_model import LinearRegression

1) 构建模型实例

```
lr = LinearRegression(normalize = True)
```

2) 训练模型

```
lr.fit(X_train, y_train)
```

3) 作出预测

```
y_pred = lr.predict(X_test)
```

部分回归算法	对应的 **sklearn** 的类
LASSO	linear_model.Lasso
Ridge	linear_model.Ridge
ElasticNet	linear_model.ElasticNet
回归树	tree.DecisionTreeRegressor

分类

```
from sklearn.tree import DecisionTreeClassifier
clf = DecisionTreeClassifier(max_depth = 5)
clf.fit(X_train, y_train)
y_pred = clf.predict(X_test)
y_prob = clf.predict_proba(X_test)
```

使用决策树分类算法解决二分类问题, y_prob 为每个样本预测为“0”和“1”类的概率.

部分分类算法	对应的 **sklearn** 的类
逻辑回归	linear_model.LogisticRegression
支持向量机	svm.SVC
朴素贝叶斯	naive_bayes.GaussianNB
K 近邻	neighbors.NearestNeighbors

集成

sklearn.ensemble 模块包含了一系列基于集成思想的分类、回归和离群值检测方法.

```
from sklearn.ensemble import RandomForestClassifier
clf = RandomForestClassifier(n_estimators = 20)
```

```
clf.fit(X_train, y_train)
y_pred = clf.predict(X_test)
y_prob = clf.predict_proba(X_test)
```

部分集成算法	对应的 sklearn 的类
AdaBoost	ensemble.AdaBoostClassifier
	ensemble.AdaBoostRegressor
基于梯度提升	ensemble.GradientBoostingClassifier
	ensemble.GradientBoostingRegressor

5.3.7 无监督学习算法

聚类

sklearn.cluster 模块包含了一系列无监督聚类算法.

```
from sklearn.cluster import KMeans
```

1) 构建聚类实例

```
kmeans = KMeans(n_clusters = 3, random_state = 0)
```

2) 拟合

```
kmeans.fit(X_train)
```

3) 预测

```
kmeans.predict(X_test)
```

部分聚类算法	对应的 sklearn 的类
DBSCAN	cluster.DBSCAN
层次聚类	cluster.AgglomerativeClustering
谱聚类	cluster.SpectralClustering

降维

```
from sklearn.decomposition import PCA
pca = PCA(n_components = 2)
pca.fit_transform(X_train)
```

通过主成分分析将原始数据映射到二维空间.

部分降维方算法	对应的 **sklearn** 的类
线性判别分析	discriminant_analysis
	LinearDiscriminantAnalysis
核主成分分析	decomposition.KernelPCA
局部线性映射	manifold.LocallyLinearEmbedding
t-SNE	manifold.TSNE

5.3.8 模型评价

sklearn.metrics 模块包含了一系列用于评价模型的评分函数、损失函数及成对数据的距离度量函数.

```
from sklearn.metrics import accuracy_score
accuracy_score(y_true, y_pred)
```

对于测试集而言，y_test 即 y_true，大部分函数都必须包含真实值 y_true 和预测值 y_pred.

回归模型评价

metrics.mean_absolute_error() | 平均绝对误差（mean absolute error, MAE）.

metrics.mean_squared_error() | 均方误差 MSE.

metrics.r2_score() | 决定系数 R^2.

分类模型评价

metrics.accuracy_score() | 正确率.

metrics.precision_score() | 各类精确率.

metrics.f1_score() | F_1 值.

metrics.log_loss() | 对数损失或交叉熵损失.

metrics.confusion_matrix | 混淆矩阵.

metrics.classification_report | 含多种评价的分类报告.

5.3.9 交叉验证及参数调优

交叉验证

```
from sklearn.model_selection import cross_val_score
clf = DecisionTreeClassifier (max_depth = 5)
scores = cross_val_score(clf, X_train, y_train, cv = 5, scoring = 'f1_weighted')
```

使用 5 折交叉验证对决策树模型进行评估，使用的评分函数为 F_1 值.

√ sklearn 提供了部分带交叉验证功能的模型类如 LassoCV、LogisticRegressionCV 等，这些类包含 cv 参数.

超参数调优——网格搜索

```
from sklearn.model_selection import GridSearchCV
from sklearn import svm
svc = svm.SVC()
params = {'kernel':['linear', 'rbf'], 'C':[1, 10]}
grid_search = GridSearchCV(svc, params, cv = 5)
grid_search.fit(X_train, y_train)
grid_search.best_params_
```

在参数网格上进行穷举搜索，方法简单但是搜索速度慢(超参数较多时)，且不容易找到参数空间中的局部最优.

超参数调优——随机搜索

```
from sklearn.model_selection import RandomizedSearchCV
from scipy.stats import randint
svc = svm.SVC()
param_dist = {'kernel':['linear', 'rbf'], 'C':randint(1, 20)}
random_search = RandomizedSearchCV(svc, param_dist, n_iter = 10)
random_search.fit(X_train, y_train)
random_search.best_params_
```

在参数子空间中进行随机搜索，选取空间中的 100 个点进行建模(可从 scipy.stats 常见分布如正态分布 norm、均匀分布 uniform 中随机采样得到)，时间耗费较少，更容易找到局部最优.

第四节 PyTorch

PyTorch (0.3.0) 是基于 Python 的开源深度学习框架，它包括了支持 GPU 计算的 Tensor 模块及自动求导等先进的模块，被广泛应用于科学研究中，是最流行的动态图框架.

涉及包	**导入包**
PyTorch(0.3.0)	import torch

5.4.1 Tensor

Tensor 是 PyTorch 中最重要的高维数据结构，与 NumPy 的 ndarrays 数据结构类似，它的数学运算、索引、切片接口与 ndarrays 也极为相似，不同的是 Tensor 可以使用 GPU 加速计算.

创建 Tensor

x, y | 表示一个 torch.FloatTensor 对象.

torch.Tensor(5, 3) | 创建未初始化的 5×3 的 Tensor.

torch.Tensor([[1, 2], [3, 4]]) | 从列表创建一个 Tensor.

torch.rand(5, 3) | 创建从均匀分布 $U[0, 1]$采样的 5×3 的 Tensor.

Tensor 的其他创建方法	说明
torch.Tensor()	基础构造函数
torch.ones()	全 1 Tensor
torch.zeros()	全 0 Tensor
torch.eye()	对角线为 1，其他为 0
torch.rand/randn()	[0, 1]均匀/标准分布采样
torch.normal(0, 1)	$N(0, 1)$正态分布采样

Tensor 基本操作和运算

x.shape | 查看 x 的形状，与 x.size() 等价.

x.view(–1, 3) | 调整 x 形状并保留元素总数, –1 表示自动推测.

x.resize(2, 4) | 修改 x 形状，可以改变 x 的元素总数.

x.int() | 将 x 类型设为 IntTensor，或 x.type(torch.IntTensor).

x.numpy() | 将 Tensor 转换为 NumPy 的 ndarray 结构.

torch.from_numpy(arr) | 将 ndarray 结构的 arr 转换为 Tensor.

x.cuda()/x.cpu() | 使用 GPU 加速运算或在 CPU 中运算的转换.

torch.mm(x, y) | 矩阵乘法运算.

torch.dot(x, y) | 求内积，注意它与 numpy.dot 的不同.

orch.add(x, y) | 求和，等价于 $x+y$ 和 y.add(x).

y.add_(x) | 求和，并使用求和结果替换 y.

x.uniform_() | 产生一个与 x 形状相同且均匀采样的 Tensor.

Tensor 的逐元素操作方法	说明
torch.abs/torch.sqrt (x)	求绝对值/平方根
torch.exp/fmod/log (x)	求指数/余数/对数
torch.clamp (x, min, max)	截断函数
torch.mul (x, 3)	逐元素乘以 2
torch.pow (x, 2)	逐元素求 2 次幂
torch.sigmoid (x) /tanh (x)	常用激活函数

注：逐元素操作表示每一个元素作相同操作，其输出与输入的形状一致；运算操作如 add 或 uniform 后加短下划线 add_或 uniform_表示使用运算结果替换原 Tensor

Tensor 中的广播法则实现

广播法则(Broadcast)是科学计算的一个常用技巧，它使得在快速执行向量化的同时不会占用额外的内存、显存. 即使 PyTorch 支持自动广播法则，我们也仍需要通过一些函数手动实现广播法则，使得程序更直观，并且运算不容易出错.

x = torch.ones(2, 3)

y = torch.randn(3, 2, 1)

torch.unsqueeze(x, dim = 0) | 等价于 x.unsqueeze(0)，在索引为 0 的位置添加长度为 1 的维度，广播后 x 变为 $1\times2\times3$(与 y 维度一致).

x.expand(3, 2, 3); y.expand(3, 2, 3) | 对于长度为 1 的维度，通过沿此维度复制数据的方式扩展成一个高维结构，最终使得参与计算的 x 与 y 的维度及各维度的长度一致(计算前提).

torch.squeeze(x) | 等价于 x.squeeze()，将长度为 1 的维度删除.

5.4.2 Autograd

from torch.autograd import Variable

Autograd 模块可以对在 Tensor 上的所有操作自动微分，并实现了计算图的相关功能，利于神经网络结构中的反向传播计算.

autograd.Variable

autograd.Variable 是 Autograd 的核心类，它对 Tensor 进行了封装，被封装后的 Tensor 可调用.backward 实现反向传播，自动计算所有梯度.

autograd.Variable 属性

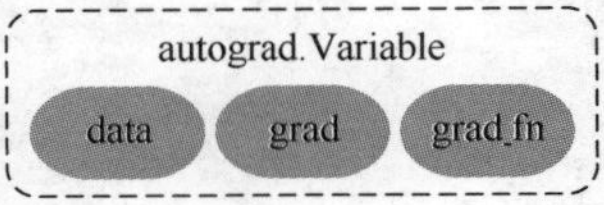

√ data | 保存 Variable 所包含的 Tensor.

√ grad | 保存 data 对应的梯度, grad 也是一个 Variable.

√ grad_fn | 一个 Function 对象，记录 Tensor 的操作历史，用于构建计算图，并反向传播计算对于输入的梯度.

x = Variable(torch.randn(2, 2), requires_grad = True) |使用 Tensor 创建一个 Variable, 并且包含梯度 grad 属性.

x = Variable(torch.randn(2, 2), volatile = True) | 使用 Tensor 创建一个 Variable，不求导，无法进行反向传播，在测试推理场景下可以提升运行速度，节省大量内存、显存.

y = x.pow(2).sum(); y.grad_fn | 得到由 x 产生 y 的 Function 类.

y.backward() | 由 y 反向传播并计算梯度，且 y 必须是标量.

x.grad | 得到 y 对 x 的梯度值，每个值为 $2x$.

x.grad.data.zero_() | 清空历史梯度值.

5.4.3 动态计算图构建

1) 定义 Variables

x = Variable(torch.randn(3, 4), requires_grad = True)

y = Variable(torch.randn(3, 4), requires_grad = True)

z = Variable(torch.randn(3, 4), requires_grad = True)

2) 构建计算图，并前向传播

a = x*y

b = a + z

c = torch.sum(b)

3) 后向传播并计算所有梯度

c.backward()

```
print x.grad, y.grad, z.grad
```

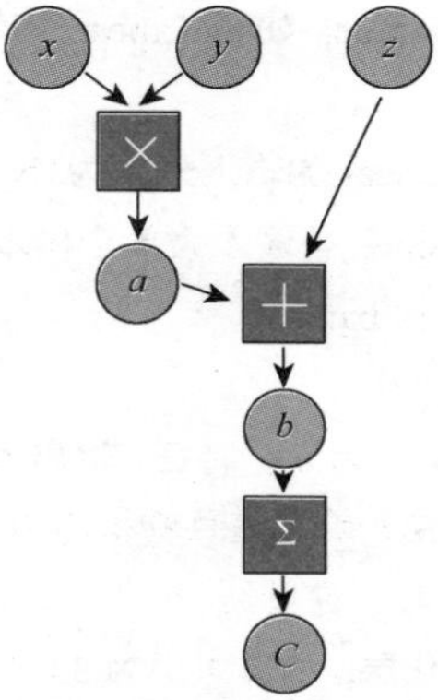

5.4.4 神经网络模块 nn

```
import torch.nn as nn
import torch.nn.functional as F
```

torch.nn 是 PyTorch 中专门为神经网络开发的模块，它包含多种神经网络功能层和常用函数，并封装好了可学习参数. torch.nn 是封装层面，而 torch.nn.functional 是其功能层实现层面.

nn.Module

torch.nn 的核心数据结构，既可以表示网络中的某层(layer)，也可以表示一个包含多层的神经网络，实际使用常继承 nn.Module 撰写自己的网络、层，定义时只需实现前向传播函数.

```
class MyModule(nn.Module):
    def __init__(self, in, hidden, out):
        super(MyModule, self).__init__()
        self.w = nn.Parameter(torch.randn(in, out))
        self.b = nn.Parameter(torch.randn(out))
    def forward(self, x):
        x = x.mm(self.w)
        return x + self.b.expand_as(x)
```

对 nn.Module 中已经实现好的所有神经网络、层，需要关注以下几方面.

√ 构造函数的参数，如 nn.Linear 中的三个参数 in_features, out_fe atures 和 bias.

√ 属性、可学习参数和子 module，如 nn.Linear 中有 weight 和 bias 两个可学习参数，不包括子 module.

√ 输入输出的形状，如 nn.Linear 的输入形状为(N, input_features)，输出为(N, ouput_features)，N 是 batch_size，若输入为单个样本，则需要调用 unsqueeze(0)将数据伪装成 batch_size = 1 的 batch.

神经网络层

nn.Linear(6, 2) | 全连接层，输入为 6 个特征，输出为 2 个特征.

nn.Conv2d(1, 1, (3, 3)) | 卷积层，单通道且卷积核为 3 × 3.

nn.ConvTranspose2d(1, 1, (3, 3)) | 逆卷积.

nn.MaxPool2d(3) | 最大值池化层，窗口大小为 3 × 3.

nn.AvgPool2d(3, stride = 2) | 平均池化层，窗口大小为 3 × 3，步长为 2.

nn.AdaptiveMaxPool2d((5, 7)) | 自适应最大值池化层，目标输出大小为 5 × 7，另外有自适应平均池化层.

nn.BatchNorm2d(100, affine = True) | 批规范化层，特征数量为 100，且带有可学习参数，$y = \frac{x - \text{mean}[x]}{\sqrt{\text{Var}[x] + \epsilon}} \cdot \text{gamma} + \text{beta}$.

nn.InstanceNorm2d(100, affine = True) | 实例规范化层，常用在风格迁移中.

nn.Dropout2d(0.5) | Dropout 层，丢弃概率为 0.5，与其他功能层不同，一维情况下为 nn.Dropout.

nn.RNN(10, 20, 2) | 多层循环神经网络，输入向量为 10 维，隐层单元为 20 个，层数为 2 的 Elman 循环神经网络.

nn.LSTM(10, 20, 2) | 多层 LSTM RNN①.

nn.GRU(10, 20, 2) | 多层门控单元 RNN.

nn.RNNCell(10, 20) | 单层循环神经网络，可与 nn.LSTMCell 和 nn.GRUCell 灵活组合构成复杂的循环神经网络.

nn.Embedding(8, 5) | 词向量，8 个词且每个词用 5 维向量表示.

```
from collections import OrderedDict
nn.Sequential(OrderedDict([
```

① LSTM: long short term memory，长短记忆. RNN: recurrent nerual network，循环神经网络.

```
    ('conv1', nn.Conv2d(3, 3, 3)),
    ('bn1', nn.BatchNorm2d(3)),
    ('relu1', nn.ReLU())
]))
```

按照顺序将多个神经网络层组合起来.

√ 以上功能层只展示了二维, nn 还提供了一维 1D 和三维 3D 功能层.

√ 将神经网络层实例化后，我们需要注意每个输入或者隐层的大小.

√ 在自定义网络结构时，定义前向传播函数可以结合不带可学习参数的功能函数，如最大值池化函数 F.max_pool2d、激活函数 F.relu 等.

激活函数

nn.ReLU() | $\mathrm{ReLU}(x)=\max(0,x)$.

nn.Tanh() | $\mathrm{Tanh}(x)=(\exp(x)-\exp(-x))/(\exp(x)+\exp(-x))$.

nn.Sigmoid() | $\mathrm{Sigmoid}(x)=1/(1+\exp(-x))$.

nn.Softmax() | $\mathrm{Softmax}(x_i)=\exp(x_i)/\Sigma_j\exp(x_j)$.

nn.PReLU() | $\mathrm{PReLU}(x)=\max(0,x)+a\times\min(0,x)$.

nn.LeakyReLU(0.1) | $\mathrm{LeakyReLU}(x)=\max(0,x)+0.1\times\min(0,x)$.

nn.Threshold(0.1, 20) | 阈值激活函数, if $x>0.1$, then $y=x$; if $x<=0.1$, then $y=20$.

损失函数

nn.L1Loss() | ℓ_1 损失.

nn.MSELoss() | 均方误差损失.

nn.HingeEmbeddingLoss() | Hinge 损失.

nn.CrossEntropyLoss() | 交叉熵损失，注意它是 LogSoftMax 和 NLLLoss 的结合，所以无须在输出层加上 SoftMax.

初始化策略

from torch.nn import init

init.xavier_normal(para) | 使用 xavier 中的初始化方法.

init.kaiming_normal(para) | 使用 Dr.He 提出的初始化方法.

5.4.5 优化器

from torch import optim

optimizer = optim.SGD(params, lr = 0.1) | 随机梯度下降，设置 nesterov = True 可以使

用带动量的优化器，默认为 False.

optim.LBFGS(params, lr = 1) | **L-BFGS** 优化器，在非标准问题中非常实用.

optim.Adadelta/RMSprop/Adagrad/Adam/Adamax() | 自适应学习率优化器.

optim.lr_scheduler.StepLR(optimizer) | 根据训练的轮次或者模型效果调整学习率，另外还包括 ReduceLROnPlateau（当损失不再下降时降低学习率）等.

optimizer.zero_grad() | 梯度清零.

optimizer.step() | 根据优化算法，执行一次参数更新.

5.4.6 持久化

Tensor 的持久化

torch.save(x, ‘x.pth’) | 保存 Tensor 在 pickle 文件中.

torch.load(‘x.pth’) | 加载保存在 pickle 文件中的 Tensor.

网络的持久化

torch.save(net.state_dict(), filename) | 保存神经网络结果到文件中.

net.load_state_dict(torch.load(filename)) | 加载保存在文件中的网络结构.

第六章　图 像 处 理

图像处理是指使用计算机对图像进行变换、去噪、分割等操作的过程.

第一节 基本概念

模拟图像 | 空间坐标亮度等可以连续变化的可见图像，无法被计算机处理，即 $f(x,y)$；$x,y \in \mathbb{R}$.

数字图像 | 空间坐标灰度等不连续的不可见图像，可以被计算机处理，即 $f(x,y)$；$x,y \in \mathbb{Z}$.

模拟图像

数字图像

数字图像是由被称为像素的小块区域组成的二维矩阵，可以分为灰度图像和彩色图像.

灰度图像 | 像素的亮度使用一个取值范围为[0, 255]的数字来表示，0 为黑，255 为白. 如果图像的像素值只有黑、白两个灰度级，则该图像被称为二值图像. 一幅图像中的灰度反差的大小，称为对比度.

彩色图像 | 以红、绿、蓝三元组为元素的二维矩阵表示. 三元组每个元素的取值范围在[0, 255].

图像数字化 | 如果将模拟图像转换为数字图像，那么需要对图像进行模数转换. 图像数字化包括采样和量化.

对 (x,y)，$x,y \in \mathbb{R}$ 离散化，称为采样；对 $f(x,y)$ 离散化，称为量化.

分辨率 | 由采样决定，分辨率的大小意味着图像数字化的像素密度的高低.

灰度分辨率 | 由量化决定，灰度分辨率反映了可分辨的最小灰阶的变化.

数字图像的质量由层次、对比度及清晰度决定. 层次越多，图像的视觉效果越好.

一幅图像的清晰度与亮度、对比度、图像尺度、颜色饱和度等有关系.
常见的图像(图片)的格式如下.

图片格式	说明
bmp	标准 Windows 图像格式
gif	graphic interchange fortmat
jpg/jpeg	joint photographic experts group
tif/tiff	高质量的位图图像格式
png	portable network graphics
eps	encapsulated post script
svg	scalable vector graphics

第二节 像素的空间关系

邻域 | 给定位于坐标(a, b)处的像素 p, 可以定义三种像素的邻域:

$(a-1,b+1)$	$(a,b+1)$	$(a+1,b+1)$
$(a-1,b)$	(a,b)	$(a+1,b)$
$(a-1,b-1)$	$(a,b-1)$	$(a+1,b-1)$

四邻域 | 由 p 的水平和垂直方向的相邻像素组成.

$$N_4(p)=\{(a,b+1),(a,b-1),(a-1,b),(a+1,b)\}$$

对角邻域 | 由 p 的对角方向的相邻像素组成.

$$N_D(p)=\{(a-1,b+1),(a+1,b-1),(a-1,b-1),(a+1,b+1)\}$$

八邻域 | 由 p 的四邻域和对角邻域的像素组成.

邻接性 | 任意两个像素具有邻接性, 需要满足: 空间相邻; 灰度值具有相似性. 给定像素 p, q 灰度值具有某种相似性, 若 $q\in N_4(p)$, 则为四连接; 若 $q\in N_8(p)$, 则为八连接.

通路 | 如果像素 p 和像素 q 之间存在一条折线，折线上坐标对应的像素的灰度值具有某种相似性，那么这一组像素称为从 p 到 q 的通路.

连通性 | 给定 $p,q \in S$，S 为一幅数字图像中的像素子集，如果从 p 到 q 存在一条通路，且通路上所有像素属于 S，那么像素 p 和 q 是连通的.

边界像素 | 给定像素 $p \in S$，如果 p 的邻域既有属于 S，也有不属于 S 的像素存在，那么 p 称为 S 的边界像素.

距离 | 像素在空间上的远近程度可以用像素坐标之间的距离衡量，如欧氏距离等. 如果将 p, q 的空间坐标看作是二维空间中的向量，它们的 ℓ_1 范数称为 p 和 q 的 D_4 距离；它们的 ℓ_∞ 范数称为 D_8 距离.

给定像素 q 的坐标 (x_q, y_q)，到 q 的 D_4 距离的等距离轨迹是中心为 (x_q, y_q) 的菱形；到 q 的 D_8 距离的等距离轨迹是中心为 (x_q, y_q) 的正方形.

第三节　图像增强

图像增强 | 指对数字图像的像素进行操作的过程，数学表示为

$$g(x,y) = T(f(x,y))$$

其中，$f(x,y)$ 为数字图像，$T(\cdot)$ 为增强算子.

直方图 | 指的是数字图像的统计表征量. 灰度图像的直方图统计了不同灰度像素出现的频次，可以表示为一维离散函数：$h(r_k) = n_k$，$k \in [0, L-1]$. 其中，L 为图像的灰度级，n_k 为灰度值为 r_k 的像素出现的次数.

灰度图像

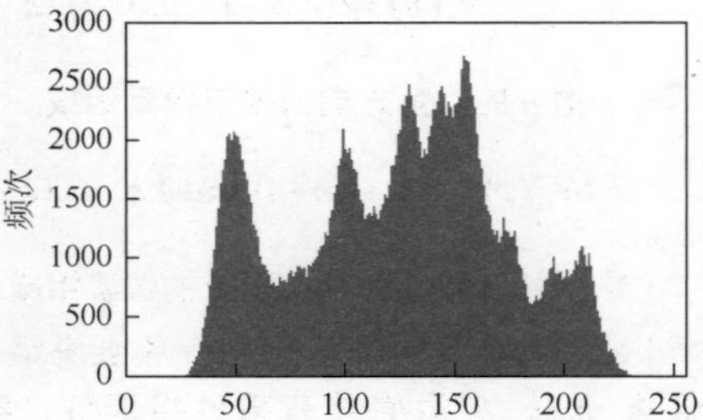

图像的直方图

直方图均衡化 | 将原始灰度图像的直方图从集中在某些取值区间变换为在整个灰度取值区间均匀分布的过程. 均衡化可以改变图像的对比度, 变化后的图像灰度级减少, 图像的细节部分丢失.

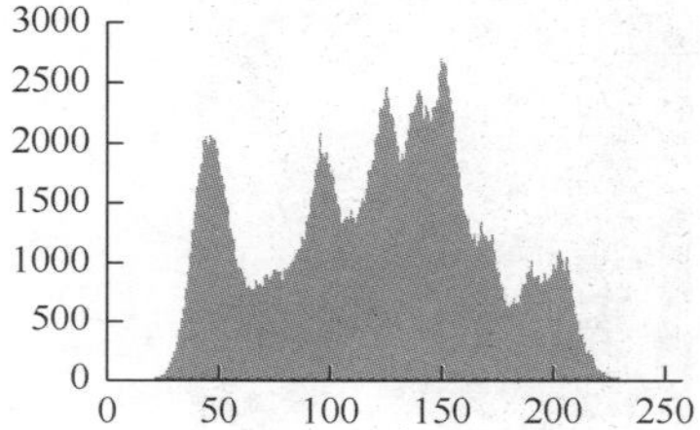

灰度图像的直方图

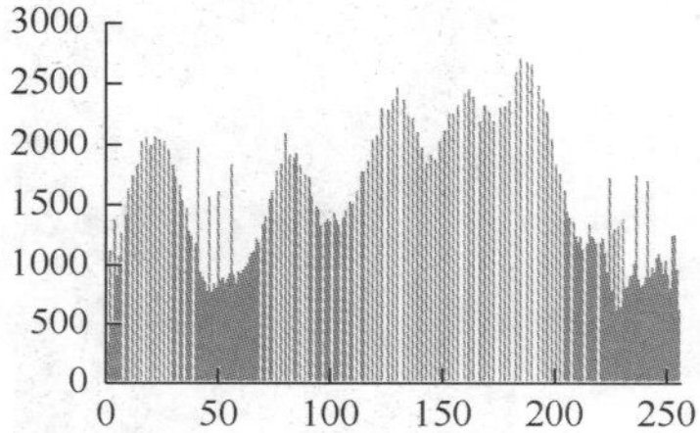

均衡化后的直方图

下面为经过直方图均衡化处理的图像与原始图像的对比.

原始灰度图像

均衡化后的图像

图像平滑 | 消除或减少图像噪声, 会导致图像模糊.

局部平均 | 将每个元素周围的邻居像素作均值操作, 平滑图像, 简单、速度快. 其数学描述为

$$g(x,y)=\sum_{i=-m}^{m}\sum_{j=-n}^{n}k(i,j)f(x+i,y+j)$$

带噪声的图像

局部平均后的图像

中值滤波 | 非线性滤波，可以消除椒盐噪声，可写为

$$g(x,y)=\text{median}\{f(x+i,y+j)\},\ i,j=0,\pm1,\cdots$$

带噪声的图像

中值滤波后的图像

高斯滤波 | 一种线性滤波方法，可以有效消除高斯噪声. 其数学表示为

$$g=f\times G_\sigma,\ G_\sigma=\frac{1}{2\pi\sigma^2}\mathrm{e}^{\frac{-x^2-y^2}{2\sigma^2}}$$

带有高斯噪声的图像

高斯滤波后的图像

以下为其他图像平滑方法.

图像平滑方法	数学描述
最大值滤波	$g(x,y)=\max\{f(x+i,y+j)\},\ i,j=0,\pm1,\cdots$
最小值滤波	$g(x,y)=\min\{f(x+i,y+j)\},\ i,j=0,\pm1,\cdots$

图像锐化 | 突出数字图像的边缘，加强图像的轮廓特征，弱化图像中灰度变化缓慢的区域，容易增大噪声. 数字图像的强度(灰度)的变化，由图像每个颜色通道的 x 和 y 方向的梯度描述. 在图像处理中，梯度由一阶差分描述.

$$\Delta f_x(x,y)=f(x+1,y)-f(x,y)$$
$$\Delta f_y(x,y)=f(x,y+1)-f(x,y)$$

图像的梯度向量为 $\nabla f(x,y)=[\Delta f_x(x,y),\Delta f_y(x,y)]^{\mathrm{T}}$.

二阶偏导数则有二阶差分近似. 常见的二阶差分算子有拉普拉斯算子.

$$\Delta^2 f_x(x,y)=f(x+1,y)+f(x-1,y)-2f(x,y)$$
$$\Delta^2 f_y(x,y)=f(x,y+1)+f(x,y-1)-2f(x,y)$$

图像的拉普拉斯算子 $\nabla^2 f(x,y)$ 可以写为

$$\nabla^2 f_x(x,y)=\Delta^2 f_x(x,y)+\Delta^2 f_y(x,y)$$

使用梯度算子(常用 Sobel 算子)对数字图像进行锐化处理, 得到 x 和 y 方向的一阶差分图像.

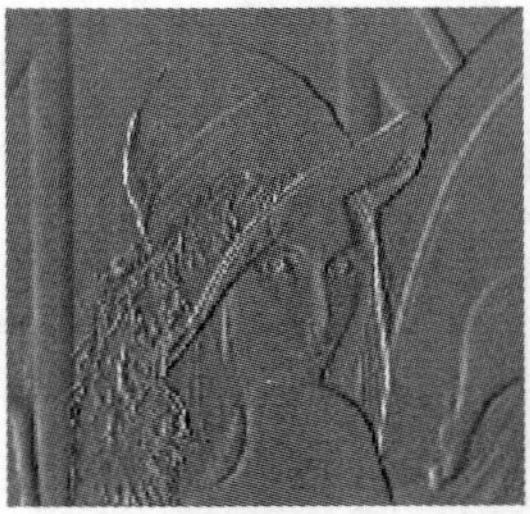

x轴方向

y轴方向

通过拉普拉斯算子得到图像的拉普拉斯变换图像.

图像的拉普拉斯算子

算术运算 | 根据图像的像素, 在数字图像之间进行加减乘除等四则运算. 给定数字图像 $f(x,y)$ 和 $g(x,y)$, 图像相减, $f(x,y)-g(x,y)$, 用来表明图像之间的差异, 消除图像的无关背景、阴影及周期性噪声等; 图像相加, $f(x,y)+g(x,y)$, 消除随机性噪声, 以及实现二次曝光的效果.

第四节 图像变换

图像变换 | 将数字图像从空域变换到频域，从而简化问题，有利于图像压缩等. 通过把数字图像看作二维的离散信号，引入傅里叶变换等技术进行图像处理.

二维离散傅里叶变换 | 给定大小为$M\times N$的数字图像 $f(x,y)$，它的傅里叶变换表示为

$$F(p,q)=\sum_{x=0}^{M-1}\sum_{y=0}^{N-1}f(x,y)\exp\left\{-\mathrm{j}2\pi\left(\frac{px}{M}+\frac{qy}{N}\right)\right\}$$

其中，$p\in[0,M-1]$, $q\in[0,N-1]$. 与之对应的傅里叶逆变换则表示为

$$f(x,y)=\frac{1}{MN}\sum_{p=0}^{M-1}\sum_{q=0}^{N-1}F(p,q)\exp\left\{\mathrm{j}2\pi\left(\frac{px}{M}+\frac{qy}{N}\right)\right\}$$

那么，数字图像的傅里叶频谱表示为

原始灰度图像

傅里叶频谱

余弦变换 | 傅里叶变换的一种特殊情况，即傅里叶级数只包含余弦项，称为余弦变换. 由于不涉及复数项，离散余弦变换的计算比傅里叶变换快. 那么，数字图像的离散余弦表示为

原始灰度图像

离散余弦变换

第五节 图像恢复

图像恢复 | 减少图像在获取及传输过程中的品质损耗，尽可能恢复原始图像. 空域中的图像损耗描述为

$$g(x,y)=h(x,y)\times f(x,y)+\sigma(x,y)$$

其中，$g(x,y)$ 为观测到的实际图像，$f(x,y)$ 为原始图像，σ 为外界噪声，h 则为图像的损耗函数.

根据 $g(x,y)$ 和 h，对原始图像 $f(x,y)$ 进行恢复，使得恢复结果 $f(x,y)$ 尽可能与原始图片接近. 常用的损耗函数包括：①高斯模糊函数

$$h(x,y)=\frac{1}{2\pi\sigma^2}\mathrm{e}^{\frac{-(x^2+y^2)}{2\sigma^2}}$$

②散焦模糊函数，可视为一个半径为 r 的圆形光斑.

$$h(x,y)=\begin{cases}\dfrac{1}{\pi r^2}, & \sqrt{x^2+y^2}\leqslant r\\ 0, & \sqrt{x^2+y^2}>r\end{cases}$$

频域中的图像恢复方法包括逆滤波和维纳滤波.

逆滤波 | 针对空域中的损耗模型，在等式两边同时作傅里叶变换，得到频域中的图像损耗模型描述.

$$G(x,y)=H(x,y)\times F(x,y)+N(x,y)$$

通过该模型计算得到估计的 $\hat{F}(x,y)$，再进行傅里叶逆变换，得到恢复的图像 $\hat{f}(x,y)$.

维纳滤波 | 通过最小化原始图像 $f(x,y)$ 和 $\hat{f}(x,y)$ 的均方误差，获取最优 $\hat{f}^*(x,y)$

$$\min_{\hat{f}(x,y)}\mathbb{E}\{[f(x,y)-\hat{f}(x,y)]^2\}$$

第六节 图像分割

图像分割 | 包括基于边界的分割、基于阈值的分割等. 边缘检测检查各个像素邻域内的灰度变化，常用方法有一阶差分、Canny 边缘检测等

原始灰度图像

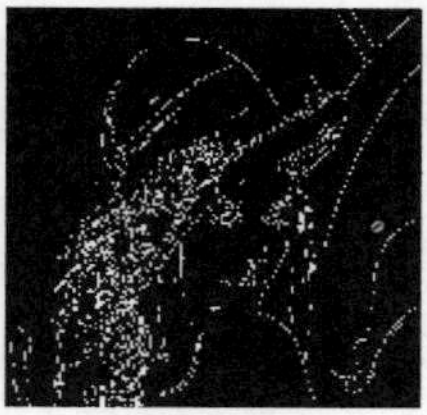

Canny边缘检测

基于阈值的分割通过设定不同的阈值，将像素分类.

原始灰度图像

全局阈值

第七节　图像编码

图像的熵 | 将数字图像看作像素的集合，如果变量 Y 表示图像中像素的取值，概率分布为 $p(r_m)$，r_m 为像素的灰度级，那么图像的熵为

$$H(Y)=-\sum_{m=0}^{L-1}p(r_m)\log_2 p(r_m)$$

编码效率衡量图像压缩方法的性能，定义为 $\dfrac{H(Y)}{L(C)}$. $L(C)$ 为编码 C 的期望长度.

压缩率用来衡量图像的数据压缩程度.

统计编码 | 利用数据的统计冗余进行的可变码字长度编码，将图像的源信息映射到可变长度的码字，包括霍夫曼编码、算术编码、行程编码等.

变换编码 | 通过变换域实现数据压缩的编码方法，如将空域中的图像映射到频域. 常用的变换编码包括傅里叶变换、余弦变换、正交变换等.

预测编码 | 通过采样信号之间存在时间和空间上的冗余来进行数据压缩的方法，包括有损和无损两种编码方式.

第七章　分布式计算

Hadoop 是一个由 Apache 基金会所开发的分布式系统基础架构，用户可以在不了解分布式底层细节的情况下，开发分布式程序，充分利用集群的威力进行高速运算和存储.

Spark 是一种分布式集群计算框架，将数据加载进计算机内存进行处理，适合机器学习算法的迭代，速度快，效率高.

第一节 Hadoop

7.1.1 核心组件

HDFS | Hadoop distributed file system，一个可复制的、可扩展的 Hadoop 底层分布式文件系统，同时提供对应用程序数据的高吞吐量访问和提高 MapReduce 的数据输入性能.

MapReduce | 用于在集群上处理并发，把工作分解成多个任务并同时处理大量数据的分布式编程模型和软件框架.

Hadoop Common | 框架的基础与核心，提供底层操作系统及其文件系统的抽象基本服务和基本过程支持，其他 Hadoop 模块的常用工具.

Hadoop YARN | 一个用于并行处理大型数据集的基于 YARN 的系统.

7.1.2 系统部署

Apache Ambari | 用于创建、管理和监控 Hadoop 集群的工具，可以很方便地安装、调试 Hadoop 集群.

Cloudera Manager | 基于浏览器的 Hadoop 管理器，减轻处理和监控大型 Hadoop 集群的负担，帮助安装和配置 Hadoop 软件.

Apache ZooKeeper | 维护配置信息，命名，提供分布式同步和提供组件服务，解决分布式应用中经常遇到的一些数据管理问题，包括集群管理、统一命名和配置同步等.

7.1.3 系统调度

Apache Oozie | 在 Hadoop 生态系统中, Oozie 可以把多个 MapReduce 作业组合到一个逻辑工作单元中，从而完成更大型的任务; Oozie 是一种 Java Web 应用程序，它运行在 Java Servlet 容器(Tomcat)中，并使用数据库来存储以下内容:

√ 工作流定义.

√ 当前运行的工作流实例，包括实例的状态和变量.

7.1.4 Hadoop 生态系统

7.1.5 NoSQL 数据库

Apache HBase | 非关系型分布式数据库, 且允许使用 HDFS 进行随机读取和写入.

Cassandra | 混合型的非关系的数据库, 类似于 Google 的 BigTable, 同时具有以下几个特点.

√ 容错性: 数据自动复制到多个节点实现容错.

√ 高性能: 在测试和实际应用方面优于流行的 NoSQL 数据库.

√ 分散化: 没有单节点失败, 没有网络瓶颈, 集群中的每个节点都是相同的.

√ 可扩展: 允许以线性方式来高度扩展的巨大 NoSQL 数据库.

√ 耐用性: 即使整个数据中心出现故障, 也不会丢失数据.

7.1.6 SQL on Hadoop

Apache Hive | 定义了一种类似SQL的查询语言HQL(Hive query language), 它能够将 SQL 转化为 MapReduce 任务在 Hadoop 上执行. Hive 数据仓库软件有助于使用 SQL 读取, 写入和管理驻留在分布式存储中的大型数据集, 可以将结构投影到已存储的数据上, 提供了一个命令行工具和 JDBC(Java database connectivity,

Java 数据库连接）驱动程序来将用户连接到 Hive.

Apache Drill | Drill 是用于大数据探索的 SQL 查询引擎. 在大数据应用中，它能兼容并且高性能地分析结构化数据和变化迅速的数据，同时，还提供业界都熟悉的标准的查询语言（即 ANSI SQL）.

Apache Trafodion | 构建在 Hadoop/HBase 基础之上的关系型数据库，能够完整地支持 ANSI SQL，并且提供 ACID（atomicity，原子性；consistency，一致性；isolation，隔离性；durability，持久性）事务保证.

7.1.7 数据采集

Sqoop | 批量数据传输工具，可以将关系数据库的数据转储放置在 Hadoop 中，也能将 MapReduce 工作输出的数据移回至关系数据库中.

Kafka | 分布式发布、订阅工具，将系统分离允许多个订阅者发布数据. 以容错方式存储记录，在发生记录时处理记录数据流.

Storm | 分布式计算框架，Storm 可以轻松地处理无限数据流，实时处理 Hadoop 为批处理所做的事情.

7.1.8 数据分析

Apache Spark | 不仅有快速的执行能力、丰富的编程 API（application programming interface，应用程序接口），还能把工作分解成多个任务并同时处理，比 MapReduce 有更多的内置功能（如 SQL）的通用处理框架.

Apache Pig | 用脚本语言来分析、处理大型数据集的平台，通常配合 Hadoop 使用，同时具有以下优点：

√ 易于编程.

√ 可扩展.

√ 优化强.

Apache Mahout | 使用预先编写的库在 MapReduce 上运行机器学习算法，可以不用重写机器学习算法就能使用 MapReduce 的机器学习库.

7.1.9 搜索引擎

Apache Solr | 支持许多网站的搜索和导航功能，具有高可靠性、可扩展性和容错

性，可提供分布式索引、复制和负载平衡查询、自动故障转移和恢复、集中式配置等功能.

7.1.10　Hadoop 集群用户的常用命令

hadoop archive| 创建一个名为 NAME 的 hadoop 档案文件.

命令选项	描述
-archiveName NAME	要创建档案的名字
-src	文件系统的路径名
-dest	保存档案文件的目标目录

hadoop distcp < srcurl > < desturl > | 递归地拷贝文件或目录，srcurl 为源 URL，desturl 为目标 URL.

hadoop fsck| 运行 HDFS 文件系统检查工具.

命令选项	描述
< path >	检查的起始目录
-move	移动受损文件
-delete	删除受损文件
-openforwrite	打印写入的文件
-files	打印正被检查的文件
-blocks	打印模块信息报告
-locations	打印每个模块的位置信息
-racks	打印出 data-node 的网络结构

hadoop pipes| 运行 pipes 作业.

命令选项	描述
-conf < path >	作业的配置
-input < path >	输入目录
-output < path >	输出目录
-jar < jar file >	Jar 文件名

续表

命令选项	描述
-inputformat <class>	InputFormat 类
-map <class>	Java Map 类
-partitioner <class>	Java Partitioner
-reduce <class>	Java Reduce 类
-writer <class>	Java RecordWriter
-program <executable>	可执行程序的 URI(uniform resource identifier)
-reduces <num>	reduce 个数

hadoop fs | 运行一个常规的文件系统客户端.

hadoop jar <jar> [mainClass] args... | 运行 jar 文件.

hadoop version | 打印版本信息.

hadoop CLASSNAME | 运行名字为 CLASSNAME 的类.

hadoop job | 用于和 MapReduce 作业交互.

命令选项	描述
-submit <job-file>	提交任务
-status <job-id>	打印 map 和 reduce 完成度及计数器
-counter <job-id>	打印计数器的值
-kill <job-id>	终止指定任务
-history <jobOutputDir>	打印任务的细节、失败及被杀死原因
-list [all]	显示所有任务
-kill-task <task-id>	终止任务
-fail-task <task-id>	使任务失败

7.1.11 Hadoop 集群管理员常用命令

hadoop balancer-threshold <threshold> | 运行集群平衡工具(管理员可以通过 Ctrl 加 C 来停止平衡过程).

hadoop daemonlog -getlevel < host:port > < name > | 获取每个守护进程的日志级别.

hadoop daemonlog -setlevel < host:port > < name > | 设置每个守护进程的日志级别.

hadoop secondarynamenode | 运行 HDFS 的 secondary namenode.

命令选项	描述
-checkpoint	当 EditLog≥fs.checkpoint.size，启动检查点过程
-geteditsize	打印 EditLog 大小

hadoop namenode | 运行 namenode.

命令选项	描述
-format	格式化 namenode(启动—格式化—关闭)
-upgrade	namenode 以 upgrade 选项启动
-rollback	将 namenode 回滚到前一版本
-finalize	删除文件系统的前一状态
-importCheckpoint	从检查点目录装载镜像并保存到当前检查点目录

hadoop tasktracker | 运行 MapReduce 的 task Tracker 节点.

hadoop jobtracker | 运行 MapReduce job Tracker 节点.

hadoop datanode-rollback | 运行一个 HDFS 的 datanode，将 datanode 回滚到前一个版本.

hadoop dfsadmin | 运行一个 HDFS 的 dfsadmin 客户端.

命令选项	描述
-report	报告文件系统的基本和统计信息
-safemode enter	进入管理安全模式
-safemode leave	离开安全模式
-refreshNodes	重新读取 hosts 和 exclude 文件
-finalizeUpgrade	完结 HDFS 的升级操作
-setQuota < dirname >	设置每个目录 < dirname > 配额设定
-clrQuota < dirname >	清除每个目录 < dirname > 配额设定
-metasave filename	保存 Namenode 到 hadoop.log.dir 目录下
-help [cmd]	显示给定命令的帮助信息

7.1.12 Hadoop Shell 常用命令

URI 表示文件、目录的路径, 可以是相对路径或绝对路径.

hadoop fs -cat URI [URI …] | 查看 fs 文件内容.

例如: hadoop fs -cat/home/hadoop/input/content.txt

hdfs dfs -cp URI [URI …] | 将文件从源路径复制到目标路径.

hadoop fs -du URI [URI …] | 显示目录中所有文件的大小.

hadoop fs -expunge | 清空回收站.

hadoop fs -ls < path > | 返回文件 path 的统计信息.

hadoop fs -df < path > | 显示 Hadoop 所使用的文件系统的大小.

hadoop fs -mv < src > < dst > | 从 src 移动到 dst, 允许多个源移动到同一个 dst, dst 必须是目录.

hadoop fs -rm [-skipTrash] < path > | 删除文件, 不能删除目录, -skipTrash: 直接删除文件.

hadoop fs -mkdir < path > | 创建 path 文件夹, 如果 path 的父目录不存在, 会迭代创建.

hadoop fs –test -[ezd] < path > | 测试文件的目录属性, -e: 测试文件是否存在, -z: 文件大小是否为 0, -d: 测试是否是目录.

hadoop fs -getmerge < src > < localdst > [addnl] | 合并 src 和 dst 文件, addnl: 会在每行结尾添加 newline 字符.

第二节 Spark

Spark 是一种开源的集群计算框架, 它将数据加载进内存中进行处理, 适合机器学习算法的迭代运算.

Spark 版本 1.6.x, 使用 Python API.

from pyspark import SparkContext

from pyspark import SparkConf

7.2.1 基本概念

基本组件 | 在 HDFS 的基础上, Spark 提供数据分析的多种模块, 应对不同使用场景下的数据处理需求.

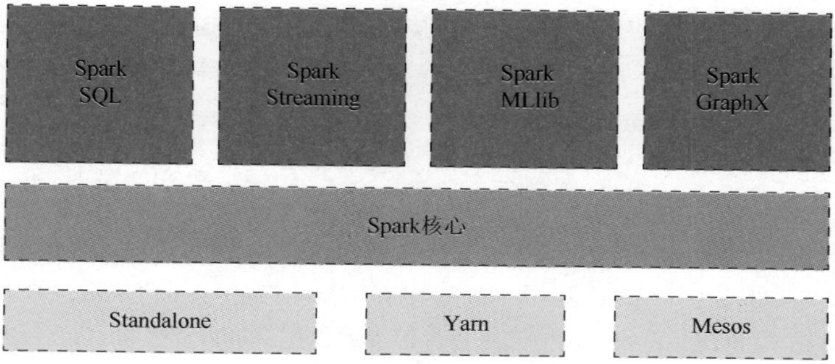

Spark SQL | 基于结构化表格数据进行数据查询和处理.

Spark Streaming | 处理流式数据.

Spark MLlib | 基于 Spark 的机器学习算法库.

Spark GraphX | 基于图、网络数据进行数据处理.

Spark 核心 | 基于结构化表格数据进行数据处理.

集群管理器 | 负责调度分配 Spark 的资源.

√ Standalone, Spark 内置的集群管理器;

√ YARN, Hadoop 2 中的资源管理器;

√ Mesos, 一种通用的集群管理器, 与 Hadoop 配合运行.

运行流程 | Spark 程序在集群上以进程的形式独立运行, 由 Spark Context 主导协调.

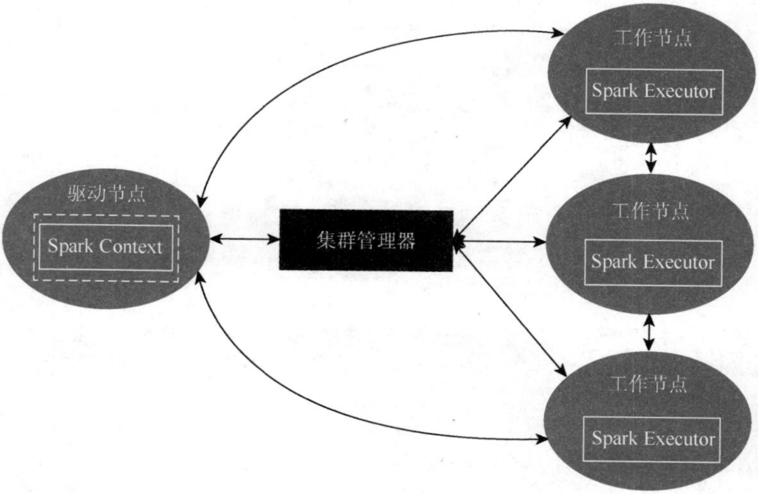

一个 Spark 程序由驱动程序和工作程序构成. 在驱动节点, Spark 创建 Spark Context 对象准备 Spark 的运行环境, 通过集群管理器申请资源等; 工作程序是工作节点中的一个进程, 负责执行数据处理任务.

最后 Spark Context 将任务派给工作节点的 Executor 运行.

弹性分布式数据集 | resilient distributed dataset, RDD. Spark 主要的数据类型.

√ 弹性. 数据分布在多个节点的内存中. 当节点的内存无法满足运算需求时, Spark 可以将数据存放在硬盘中, 避免内存不够而导致任务处理失败.

√ 分布式. RDD 将物理上分布在多个节点的数据集抽象为逻辑上完整的一个数据集.

Spark 通过创建 RDD 将存储在磁盘中的数据加载进内存, 构成 RDD 分区, 然后调用 RDD 上的操作执行数据处理任务.

创建 RDD | RDD 的创建主要有以下三种方式:

√ 将单机环境下的数据集并行化, 转换为 RDD 对象;

√ 从 HDFS 分布式系统中读入数据, 创建 RDD 对象;

√ 由其他 RDD 对象经过转换操作生成新的 RDD 对象.

转换操作 | 构建多个 RDD 之间的逻辑关系, 包括 map、fliter、join 和 flatMap 函数.

√ 所有的转换操作都是延迟执行, 会产生新的 RDD. 新的 RDD 依赖于原来的 RDD. 因此, 数据分析流程构成了一个 RDD 组成的有向无环图.

行动操作 | 收集数据处理的结果, 将其存储到外部存储系统, 或者返回驱动节点.

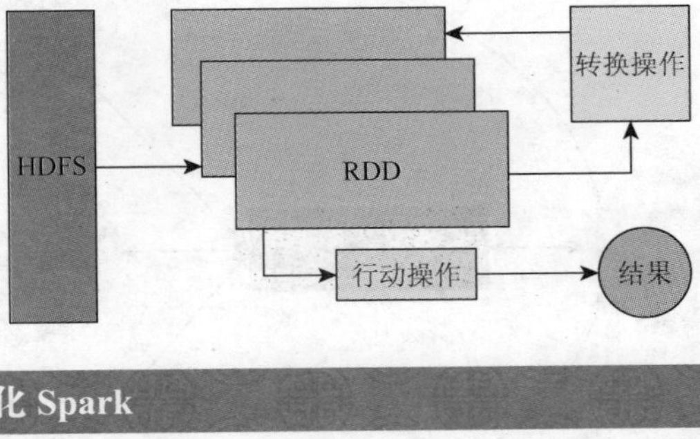

7.2.2 初始化 Spark

```
conf = SparkConf()
.setAppName(appName).setMaster(address)
```

首先创建 SparkConf 对象 conf, 配置 Spark 程序的名称 appName、集群的地址 address.

如果 address 取值为 lcoal, 那么 Spark 为单机本地模式.

sc = SparkContext(conf = conf)

其次创建 SparkContext 对象 sc, 输入参数为 SparkConf 对象.

命令	说明
sc.version	查看 SparkContext 版本
sc.pythonVer	查看 Python 版本
sc.appName	查看 Spark 程序的名称
sc.sparkHome	查看工作节点中 Spark 的安装路径

使用 Shell 命令行运行 Spark.

```
$./bin/pyspark --master address | 集群地址
               --py-file code.py | 代码文件
               --repository | 声明依赖
               --help | 查看帮助文档
```

7.2.3 RDD 基本操作

加载数据

data = [2, 0, 1, 8, 0, 1, 0, 1]

rdd = sc.parallelize(data)

并行化已有数据, 生成新的 RDD 对象 rdd.

rdd_text = sc.textFile('data.txt') | 加载外部文本数据, 输入参数为文件地址, 如 hdfs://等.

rdd_seq = sc.sequenceFile(path) | 加载 SequenceFile, 输入参数为文件地址.

命令	说明
sc.sequenceFile (path)	加载 SequenceFile
sc.wholeTextFiles (dir)	加载多个文本文件
sc.pickleFile (path)	加载 pickle 文件

统计数据信息

rdd = sc.parallelize([2, 0, 1, 8])

rdd.getNumPartitions() | 返回 RDD 的分区数.

rdd.count() | 返回 RDD 实例的个数.

rdd.isEmpty() | 判断 RDD 对象是否为空.

rdd.countByKey() | 按照 key 返回 RDD 实例个数.

rdd.countByValue() | 按照 value 返回 RDD 实例个数.

rdd.max() | 最大值.

rdd.min() | 最小值.

rdd.mean() | 均值.

rdd.stdev() | 标准差.

rdd.variance() | 方差.

rdd.stats() | 统计信息.

切片数据

rdd.first() | 返回 RDD 的第一个元素.

rdd.take(n) | 返回 RDD 的前 *n* 个元素.

rdd.collect() | 返回 RDD 的元素列表.

rdd.distinct().collect() | 返回不含重复 RDD 元素的列表.

data = [('a', 3), ('c', 4), ('d', 2)]

rdd_kv = sc.parallelize(data)

rdd_kv.keys().collect()

返回 RDD 元素的 key 值列表[*a*, *c*, *d*].

rdd1 = sc.parallelize(['a', 'b', 'c'])

rdd2 = sc.parallelize(['b', 'd'])

rdd1.union(rdd2) | 求并集, [*a*, *b*, *b*, *c*, *d*].

rdd1.intersection(rdd2) | 求交集, [*b*].

rdd1.subtract(rdd2) | 从 rdd1 中移除 rdd1 和 rdd2 共有的元素, [*a*, *c*].

使用 map、reduce 等函数

rdd.map(lambda x:x**2).collect() | 将 rdd 中的元素求平方, [4, 0, 1, 64, 0, 1, 0, 1].

rdd_kv.filter(lambda x: 'd' in x).collect() | 获取 rdd_kv 中 key 为 "d" 的元素, [('d', 2)].

rdd_kv.flatmap(lambda x:(x[1], x[0])).collect() | 将 rdd_kv 元素的 key 和 value 互换位置, 并展平结果, [3, 'a', 4, 'c', 2, 'd'].

data1 = [('c', 3), ('c', 4), ('d', 2)]

rdd_kv1 = sc.parallelize(data1)

rdd_kv1.reduce(lambda x, y:x + y)
合并 rdd_kv 元素的 value, ['a', 3, 'c', 4, 'd', 2].

rdd_kv1.groupByKey().mapValues(list).collect() | 按 key 合并 rdd_kv1 元素, [('c', [3, 4]), ('d', 2)].

rdd_kv.sortBy(lambda x:x[1]).collect() | 按照 value 排序, [('d', 2), ('a', 3), ('c', 4)].

RDD 缓存

rdd.persisit() | 将 RDD 进行缓存，不再重复计算.

rdd.cache() | 将 RDD 缓存，缓存级别仅有 MEMORY ONLY.

RDD 分区

rdd.repartition(5) | 根据 RDD 生成 5 分区的 RDD 对象.

7.2.4　保存数据并停止

rdd.saveAsTextFilefilter('rdd.txt') | 保存数据至文本文件.

rdd.saveAsSequenceFile(path) | 保存为 sequence 文件.

rdd.saveAsObjectFile(path) | 使用 Java Serialization 保存数据.

rdd.saveAsPickleFile(path) | 保存为 picke 文件.

sc.stop() | 停止运行.

7.2.5　MLlib 的数据类型

在 MLlib 模块中, NumPy 的 ndarray 和 Python 的 list 被认为是 dense 向量. MLlib 自带的 sparsVector 和 Scipy 的 csc_matrix(只有一列) 为 sparse 向量.

Local 向量 | 单机存储的数据类型，分为 dense 和 sparse.

import numpy as np

from pyspark.mllib.linalg impoer Vectors

sv1 = Vectors.dense(np.array([0, 2, 0, 4]))

sv2 = Vectors.dense([0, 2, 0, 4])

sv3 = Vectors.sparse(4, {1:2, 3:4})
创建长度为 4 的向量[0, 2, 0, 4].

Labeled Point | 带有标签或者响应的 local 向量.

```
from pyspark.mllib.regresson import LabeledPoint
sv4 = LabeledPoint(1, [0, 2, 0, 4])
```

生成标签为 1 的 local 向量[0, 2, 0, 4].

Local 矩阵 | 单机存储的矩阵类型，分为 dense 和 sparse.

```
from pyspark.mllib.linalg import Matrix
from pyspark.mllib.linalg import Matrices
m1 = Matrices.dense(3, 2, [0, 1, 2, 3, 4, 5])
m2 = Matrices.sparse(3, 2, [0, 1, 3], [0, 2, 1], [9, 6, 8])
```

创建以下矩阵

$$m1=\begin{bmatrix}1 & 2\\3 & 4\\5 & 6\end{bmatrix},\ m2=\begin{bmatrix}9 & 0\\0 & 8\\0 & 6\end{bmatrix}$$

分布式矩阵 | 分布式得保存在一个或者多个 RDD 对象中的矩阵类型.

```
from pyspark.mllib.linalg.distributed import RowMatrix,
IndexedRow, IndexedRowMatrix, MatrixEntry, CoordinateMatrix, BlockMatrix
rows = sc.parallelize([[0, 1, 2], [3, 4, 5], [6, 7, 8]])
mat1 = RowMatrix(rows)
indexedRows = sc.parallelize([IndexedRow(0, [0, 1, 2]), IndexedRow(1, [3, 4, 5])])
mat2 = IndexedRowMatrix(indexedRows)
entries = sc.parallelize([
        MatrixEntry(0, 0, 1.2),
        MatrixEntry(1, 0, 2.1),
        MatrixEntry(6, 1, 3.7)])
mat3 = CoordinateMatrix(entries)
list1 = [1, 2, 3, 4, 5, 6]
list2 = [7, 8, 9, 10, 11, 12]
blocks = sc.parallelize([
  ((0, 0), Matrices.dense(3, 2, list1)),
  ((1, 0), Matrices.dense(3, 2, list2))])
mat4 = BlockMatrix(blocks, 3, 2)
```

上述代码分别创建四种类型的分布式矩阵.

变量名称	变量类型	说明
mat1	RowMatrix	行矩阵
mat2	IndexedRowMatrix	带行索引的行矩阵
mat3	CoordinateMatrix	坐标矩阵
mat4	BlockMatrix	块矩阵

7.2.6 MLlib 基本统计

统计信息总结

```
from pyspark.mllib.stat import Statistics
stats = Statistics.colStats(mat)
```

mat 为矩阵的一个 RDD 对象，生成统计报表 summary，可以得到如下信息：

```
stats.count()
stats.max()
stats.normL1()
stats.mean()
stats.min()
stats.normL2()
stats.numNonzeros()
stats.variance()
```

相关关系

```
from pyspark.mllib.stat import Statistics
Statistics.corr(mat, method = 'pearson')
```

返回 mat 的相关系数矩阵, mat 为矩阵的 RDD 对象.

假设检验

```
from pyspark.mllib.stat import Statistics
result = Statistics.chiSqTest(vec)
result1 = Statistics.chiSqTest(mat)
```

对 vec 进行拟合优度检验，vec 为向量的 RDD 对象；对 mat 进行卡方检验，mat 为矩阵的 RDD 对象.

7.2.7 分类回归算法

```
from pyspark.mllib.regression import LinearRegressionWithSGD
```

```
model = LinearRegressionWithSGD.train(data)
pred = test_data.map(lambda x:(x.label, model.predict(x.features)))
```

线性回归模型, data 和 test_data 为 LabelPoint. 与回归模型的代码框架类似, Mllib 支持以下模型(将线性模型替换为相应模型名称).

模型名称	类型	对应函数
逻辑回归模型	分类	LogisticRegressionWithLBFGS
支持向量机模型	分类	SVMWithSGD
朴素贝叶斯模型	分类	NaiveBayes

```
from pyspark.mllib.tree import DecisionTree
model = DecisionTree.trainClassifier(data, numClasses = 2, categoricalFeaturesInfo = {},
impurity = 'gini', maxDepth = 5, maxBins = 32)
pred = model.predict(test_data.map(lambda x:x.features))
```

决策树分类模型, data 和 test_data 为 LabelPoint. 若决策树用于回归问题, 则使用 trainTregressor() 方法. 与决策树模型的代码框架类似, Mllib 支持以下模型(将决策树替换为相应模型名称).

模型名称	类型	对应函数
随机森林模型	分类	RandomForest
梯度提升树模型	分类	GradientBoostedTrees

7.2.8 聚类算法

```
from pyspark.mllib.clustering import KMeans
clusters = KMeans.train(data, culster_number, maxIterations = 10, runs = 10,
          initializationMode = "random")
```

K 均值模型, data 为 RDD 对象.

```
from pyspark.mllib.clustering import GaussianMixture
gmm = GaussianMixture.train(data, num)
```

高斯混合模型, data 为 RDD 对象, 参数 num 为类个数.

```
from pyspark.mllib.clustering import LDA
corpus = data.zipWithIndex().map(lambda x:[x[1], x[0]]).cache()
```

```
model = LDA.train(corpus, k = 5)
topics = model.topicsMatrix()
```

LDA 主题模型, data 为 RDD 对象.

7.2.9 特征抽取和转换

```
from pyspark.mllib.feature import HashingTF, IDF, Word2Vec
htf = HashingTF()
tf = htf.transform(docs).cache()
idf = IDF().fit(tf)
tfidf = idf.transform(tf)
```

TFIDF (term frequency-inverse document frequncy, 词频与逆向文件频率) 模型, docs 为 RDD 对象.

```
word2vec = Word2Vec()
model = word2vec.fit(docs)
synonyms = model.findSynonyms('data', 5)
```

Word2Vec 模型, docs 为 RDD 对象.

```
from pyspark.mllib.feature import StandardScaler, Normalizer
label = data.map(lambda x:x.label)
features = data.map(lambda x:x.features)
sa = StandardScaler(withMean = True, withStd = True).fit(features)
sa.transform(features)
normalizer = Normalizer(p = float("inf"))
normalizer.transform(features)
```

数据标准化和数据归一化.

7.2.10 模型评价

```
import pyspark.mllib.evaluation as eval
```

输入数据为 (score, label) 对.

√ 二分类

```
eval.BinaryClassificationMetrics.areaUnderPR
```

eval.BinaryClassificationMetrics.areaUnderROC

√ 多分类

eval.MulticlassMetrics.weightedFMeasure()

eval.MulticlassMetrics.fMeasure()

输入数据为 (prediction, observation) 对.

√ 回归

eval.RegressionMetrics.meanSquaredError

eval.RegressionMetrics.rootMeanSquaredError